환경조각 조형설계

이 정 주 저

경 춘 사

환경조각 조형설계

지은이 이 정 주
발행인 안 중 기
발행처 도서출판 경춘사
등록번호 제10-153(1987. 11. 28)

인쇄 2006년 9월 5일
발행 2006년 9월 20일

서울 특별시 마포구 공덕 1동 117-25
전화 716-2502, 714-5246
팩스 704-0688

값 15,000원

ISBN 89-5895-032-3 93620

머리말

환경 조각을 완성한다는 것은 곧 어떤 특정한 과제를 완수한다는 것을 의미한다. 조각가는 분명히 그러한 자신의 작업이 지성과 상상력을 동시에 갖추고 완성되기를 바란다. 이 말은 곧 조각가의 기능을 어떤 행위가 발생할 수 있도록 특정한 상황을 제공하는 것뿐만 아니라 자신이 창조해내려는 전체적인 공간적 질과 그것을 주변환경과 조화를 이루도록 만드는 방법에 대해 고려하는 것을 의미한다.

조각은 완성된 재료와 형태로 대중들에게 창조되어 보여질 뿐만 아니라 스케치나 모형의 형태로도 표현된다. 모형은 스케치를 보충하는 역할을 하며 또한 그 자체의 특성을 가지게 되기 때문이다. 이에 학생이든 숙련된 조각가든 스케치뿐만 아니라 모형의 형태에서도 각기 독특한 개별적인 작업방식을 가지게 된다.

본인은 서울시립대학교 환경조각학과에서 조형설계를 강의하면서 실직적인 작업을 지도할 때, 모형 제작에 상당한 비중을 두고 수업에 임했다. 여기서 학생들은 사용되는 재료 및 제작기법, 스케치를 이용하여 모형으로 만드는 방법, 그리고 모형을 통해 조형감각을 찾아가는 방법 등에 관해 배우게 된다. 학생들은 또한 스케치를 발전시키기 위해 모형을 어떻게 취급해야 하는지를 배우는데 이러한 과정을 통해 건물의 구조와 주변의 조경, 조각적 조형성 등을 고찰해 볼 수 있게 될 뿐만 아니라 공간적 관계성을 형성하고 그 관계성들의 다양한 효과들을 조절할 수 있는 방법을 알게 된다.

이 책은 그런 다양한 효과들을 배울 수 있는 기초 자료가 되어 단순히 모형제작, 설치방법 등의 이해가 아닌 아이디어와 방향을 제공해 주고자 하는데 그 목적을 두고 환경조각 조형설계 과목을 배우고자 하는 학생들을 위해 제작하였다.

환경조각에 대한 아주 기초적인 조형설계이기에 보는 시선에 따라 심도있게 다루지 않았다는 지적이 나올 수 있다. 하지만 조각을 전공하기 위해 대학에 온 후배이자 제자들에게 환경조각에 있어서 조형설계가 어떤 것인지 지식 확장의 한 면을 맛보게 해주고 싶은 의도이기에, 부족한 역량이지만 이들에게 많은 도움이 되었으면 한다.

이 책을 내면서 처음부터 조언과 도움이 되는 비평 그리고 전적으로 지원을 아끼지 않았던 여러 선생님들께 깊은 고마움을 느낀다. 또한 자료를 제공해준 동문들에게도 감사의 말을 전한다.

2006년 9월

이 정 주

환경조각 조형설계

Contents

CONTENT

01 제 1 장

투시도

1. 프리핸드 드로잉의 기초
   1. 선연습
   2. 프리핸드 투시도 드로잉

2. 3D를 이용한 3점 투시

1 프리핸드 드로잉의 기초

"드로잉은 표면 위에 흔적, 선, 또는 새김을 만드는 행위이다. 그리고 폭넓은 의미에서 언어적 전달 방법에 속한다." (힐 1966, 8)

프리핸드 드로잉 테크닉의 개발은 환경을 이해하고 그 속에 자리 잡을 작품을 생동감 있게 묘사하는데 도움을 준다. 그것은 자연을 스케치하는 수단이며 끊임없이 새로운 생태계를 디자인하는 하나의 기본 방법으로 건축은 물론 조각의 기초설계에서도 밑바탕이 되는 중요한 첫 단계이다. 또한 사물에 대한 이해의 폭을 넓히고, 좀 더 밀도 있는 표현을 가능케 함으로서 아이디어를 빠른 시간 내 자유자재로 표현하고, 사물의 본질을 가려내어 깊이 있게 보여주고, 명확하게 설명할 수 있다.

1. 선 연습

1) 직선연습

자연 환경 속 건축물이나 작품의 윤곽, 또는 마감선을 나타낼 때 많이 쓰이는 선이다.

- ▶ 수직, 수평 사선을 연습하되 선의 강도를 달리하여 연습한다.
- ▶ 간격은 균등하게 하고 평행을 유지하도록 하자.
- ▶ 속도를 빨리하면 직선 및 평행 유지가 쉽지 않으므로 천천히 선을 그려 나가자.
- ▶ 자를 댄 듯 반듯한 선은 불가능하다. 프리핸드의 묘미를 살리기 위해서는 약간 떨림이 있는 선이 더 매력적이다.
- ▶ 선의 방향은 언제나 왼쪽에서 오른쪽, 아래에서 위로 표현하도록 한다.

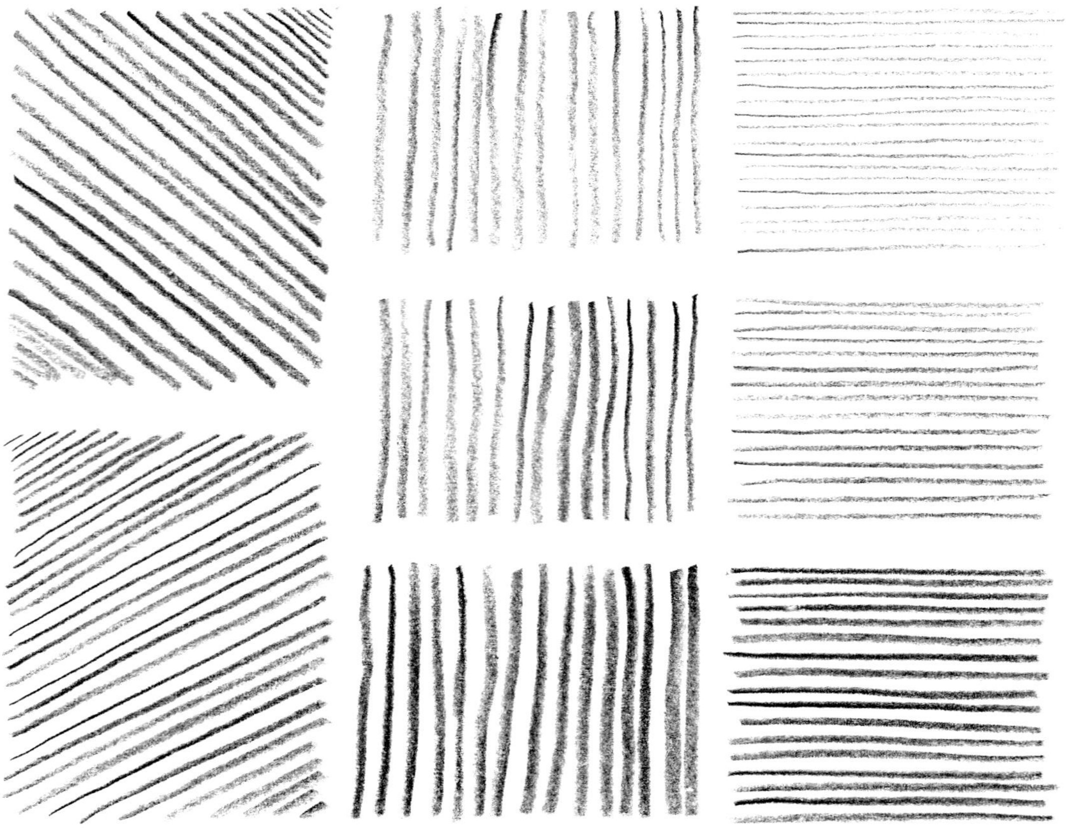

2) 선의 강약리듬

선의 강약과 리듬은 직선연습보다 세련된 프리핸드의 표현으로 많이 사용된다.

▶ 손에 힘을 주었다 풀었다 하는 과정을 반복하여 연습하면 좋다.
▶ 강약이나 리듬을 주기 위한 이러한 선들은 사물의 동적인 느낌을 표현한다.
▶ 선의 강약조절은 처음부터 쉽지 않다. 천천히 많이 연습하는 것과 비례하여 더욱 입체적이고 동적인 느낌의 선이 나온다.

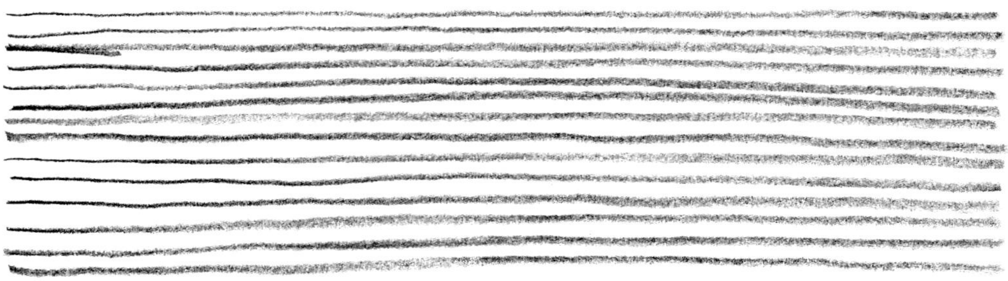

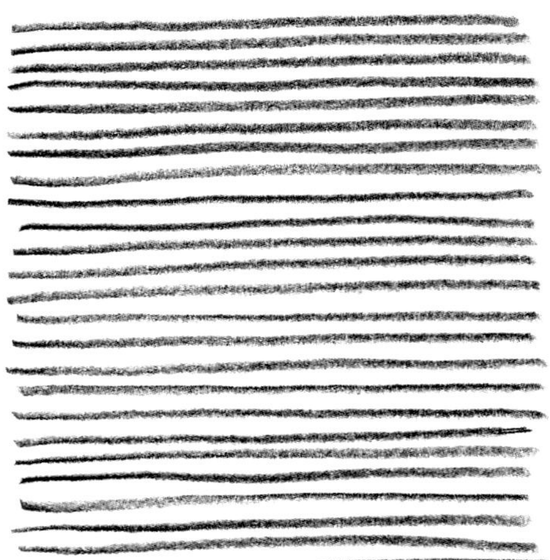

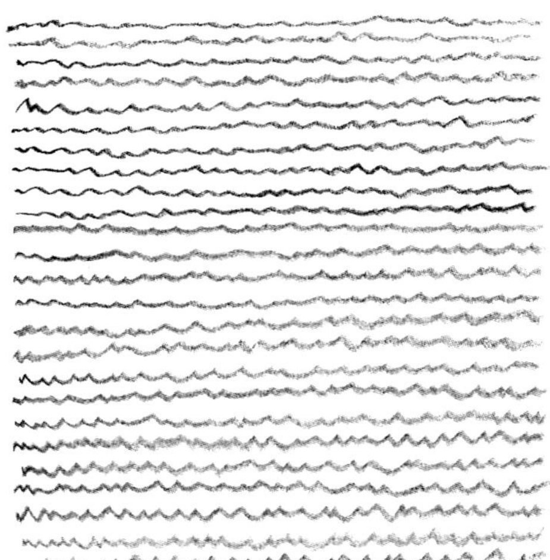

3) 명암

명암은 선의 강약을 조절하여 같은 톤으로 일정 부분을 표현할 수 있는 능력을 길러준다. 명암에 따라 양감이 달라질 수 있다.

- 명암을 넣기 위한 선은 앞서 연습한 선보다 속도감 있게 그린다.
- 일반적으로 거리가 멀수록 흐리게, 가까울수록 진한 패턴을 사용한다.
- 수직선, 사선을 이용하여 몇 가지 선의 패턴을 익힌다.
- 명암을 표현하기 위해서는 10개의 박스를 그린 후 선을 이용하여 명도 10단계를 연습하는 것이 좋다.

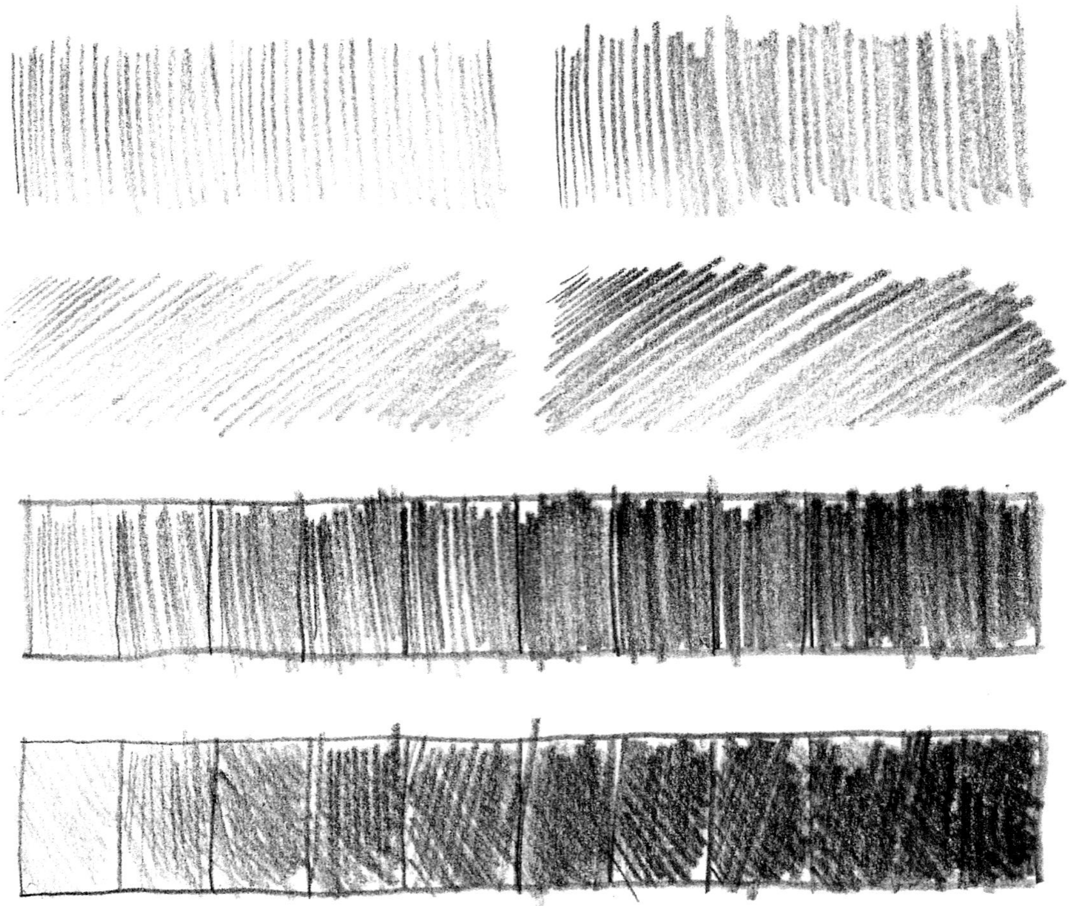

4) 배경 패턴과 명암

면 처리를 위해 다양한 표현기법을 익힐 필요가 있다. 선의 패턴으로 다양한 면의 효과를 낼 수 있는데, 명암은 작품의 마감을 더욱 돋보이게 해줄 수 있다.

- ▶ 하나의 패턴을 정하고 명암을 속도감 있게 그려 나간다.
- ▶ 명암과 패턴에 따라 양감의 표현이 달라질 수 있다.

2. 프리핸드 투시도 드로잉

투시도법 (투시원근법, 선원근법)

물체의 모양과 위치를 선에 의해 투시적으로 표현하는 가장 과학적인 방법으로 기하학적인 기초 위에 성립된 체계화된 원근법으로 이탈리아 건축가 브르넬레스코에 의해 15세기 초에 발견되어 우첼로에 의해 어느 정도 체계화 되었다. 그 후 15세기 말에는 만테냐, 브라만네와 같은 프랑스의 수학자에 의해 투시도법이 체계화 되었고, 18세기 몽주에 의해 완성되었다.

투시도는 주변의 사물과 공간을 평면에 그릴 때 좀 더 입체적이고 사실적으로 표현 할 수 있는 방법으로 건축에서 많이 사용되나 환경조각에서도 자신이 만들 작품을 효과적으로 전달하기 위해 많이 사용되어 진다.

1) 1점투시 (평행투시)

투시도를 그리려고 생각하고 있는 건물의 한쪽 면을 향하여 사람이 평행으로 서있는 경우이다. 즉, 이 경우는 건물과 화면의 관계는 완전히 평행으로 놓인 상태이다.

- ▶ 도시계획과 같이 넓은 면적을 정밀하게 표현하고 싶을 때 적당하다. 평행투시의 경우 건물의 안쪽 길이에 대해서는 투시도법에 준해서 멀리 있는 것은 점점 작아져 보인다. 실제로는 좌우에 대해서도 멀리 있는 것은 점점 거리가 좁아지고 있는 것. 이와 같이 좌우의 축척은 무시되고 있는 것이다. 그 때문에 오히려 사람 눈의 시각으로부터 벗어나 버린 부분도 포착할 수 있다.
- ▶ 단면투시도에 적합하다. 건물의 일부를 잘라서, 실내의 모양이나 구조상의 물건을 바깥의 윤곽과 맞추어 이해할 수 있다.
- ▶ 실내를 그릴 때 적합하다.
- ▶ 소점이 건물의 중심에 오면, 일반인에게 가장 이해되기 쉽다. 그러나 좌우대칭이 되는 드로잉이면 정적이고 단순하고, 딱딱한 투시도가 되는 경향이 있다. 그러할 때에는, 음영을 넣는 방법이나 점경에 의해 균형을 무너뜨릴 수 있다. 그것에 의해 무게감 있는 투시도가 된다.
- ▶ 형태를 만드는 것은 너무 빠르고 입면도부터 그리도록 한다.

1점투시 프리핸드

2) 2점투시 (유각투시)

건물에 대해서 사람이 각도를 가지고 서서 보고 있는 경우이다. 다만 화면은 건물의 높이에 대해서 평행으로 놓여져 있다. 2소점은 눈을 좌우로 움직여서 사물을 보고 있는 것이다.

- ▶ 한 건물의 외관을 그리는 것이 알맞다.
- ▶ 2면을 보는 것에 의해 건물을 보다 입체적으로 포착할 수 있다.
- ▶ 건물이 자연스럽게 그곳에 세워져 있는 듯한 상태로 표현할 수 있다.
- ▶ 평행투시가 정적인데 반해, 동적이다.
- ▶ 2개의 소점이 너무 가까이 접근하면 그림이 비뚤어진 듯 느껴진다.

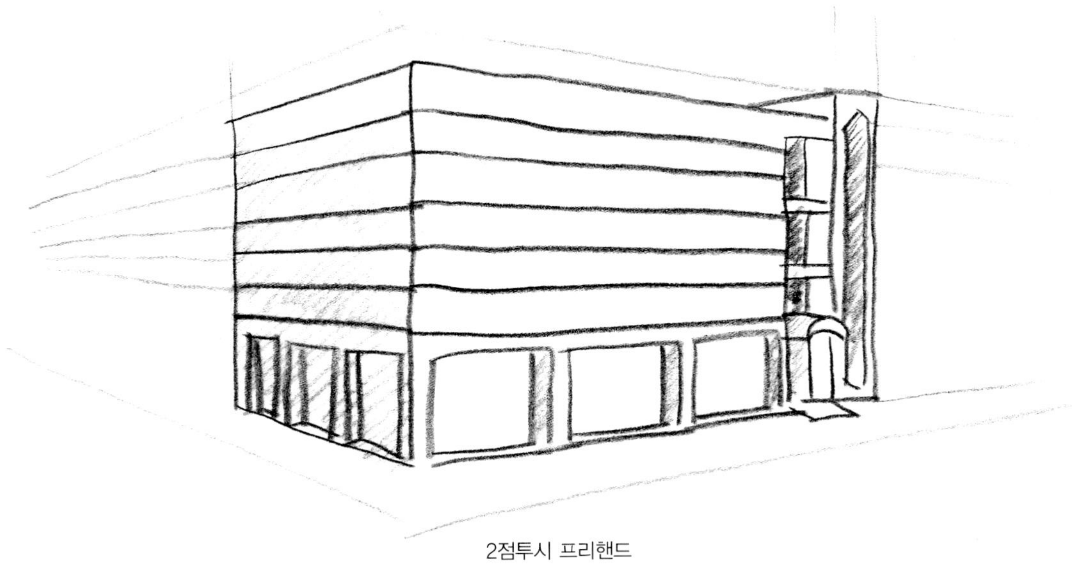

2점투시 프리핸드

3) 3점투시 (사투시)

보는 건물의 높이방향에 대해서 화면이 비스듬하게 놓여서 그려진 경우이다. 3소점은 눈을 상하, 좌우로 자유롭게 움직여서 건물을 보고 있는 상태이다.

- ▶ 초고층 건물을 그리는 것에 적합하다. 1점투시나 2점투시로 초고층 건물을 그리면, 눈의 착각에 의해 모양이 뒤틀려 보인다. 그 뒤틀림을 피하기 위해서 위, 아래에 또 하나의 소점을 만드는 것이다.
- ▶ 조감도로 많은 건물을 그리는 것에 적합하다.
- ▶ 가까이에서 건물을 내려다보는 경우나 가까이에서 건물을 올려다보는 경우에 더욱 효력을 발휘한다.
- ▶ 3점 투시로 그리면, 박력이 있고 사람의 눈에 비교적 자연스러운 투시도를 그릴 수 있다.
- ▶ 이 도법은 매우 번잡하고, 커다란 제도판을 필요로 한다. 그 때문에 이용하기 어렵다. 1소점이나 2소점으로 그린 것을 적당히 수정해서 3소점으로 표현한 듯이 그리는 일이 많다.

3점투시 프리핸드

교목 프리핸드

사람과 시설물 프리핸드

2 3D를 이용한 3점 투시

컴퓨터의 등장으로 기존 프리핸드 드로잉의 많은 작업들이 컴퓨터 안으로 들어오게 되었다. 과거에 작품들이 손으로 하는 수작업에서 컴퓨터 작업으로 거의 대체되어진 상황이다. 하지만 컴퓨터는 단지 '도구'에 지나지 않는다는 사실을 잊어서는 안 된다. 다시 말해 실제 작품을 만들기 전 표현하고자 하는 것을 컴퓨터라는 도구를 이용해 현실화 시키지만, 그것보다 중요한 작품에 대한 발상과 기초적 표현은 컴퓨터로 대체할 수 없다는 이야기다.

컴퓨터를 이용한 3D 3점투시 또한 손으로 작업하던 기존 프리핸드 드로잉의 기초가 없는 한 불가능하며, 단지 환경조각에 있어 자신의 작품을 실제와 같은 모습으로 3차원적으로 자연 속에 간단히 정리할 수 있는 좋은 표현 언어가 될 것이다.

다음에 보여줄 3D 투시는 실제 환경조각으로 세워지기 전 작업했던 모습들이다. 이론이 아닌 현장에서는 어떻게 이용되는지 감상해 보도록 하자.

정기웅－축복, 산과 들로부터(주간)

정기웅－축복, 산과 들로부터(야간)

정기웅 – 생명과 빛의 축제(주간)

정기웅 – 생명과 빛의 축제(야간)

윤철진-사물놀이

윤철진-이동되는 공간(성)

윤철진-동화

윤철진-별이야기

윤철진 – 봉수대의 평화

정기웅 – 공존

C 인천 2B/L
작품명 : 섬
규 모 : 8,500 x 7,000 x 3,500
재 질 : 화강석 . 자갈 . 물

윤철진-섬

홍천갈마곡(2)-D
풍경 3,200 × 2,600 × 2,800 포천석

윤철진-풍경

정기웅－동심 그리기

정기웅－고향언덕(향수)

이정주-은빛선율

이정주-은빛선율

도시의 빛

The Light of City

'문화로 발전하고 경제로 도약' 하는 부천시와 '변화와 희망을 열어가는 활기찬' 구로구의 관문

· 작품크기 : 34.75 (가로) × 17 (세로) × 21.5 (높이) (미터) / 작품재료 : 스텐레스 스틸, 스틸 (부분도색 – 붉은색, 주황색, 노란색, 녹색)

· **디자인 개념** – 활력의 중심부 (The Center of Vitality)
네가지 특징을 가진 도시의 빛이 지상에서 솟구쳐 올라 중심부를 형성하고 이상적 도시의 결정체를 이루어 도시와 도시를 이어주는 관문의 의미를 상징.

열정과 생명력을 가진 도시　문화의 도시　희망과 미래의 도시　환경의 도시

주경 – 구로에서 부천방향 이미지

야경 – 부천에서 구로방향 이미지

이정주 – 도시의 빛

이정주 – 도시의 빛 (구체적 3점 투시 제시)

02 제 2 장

환경이해하기

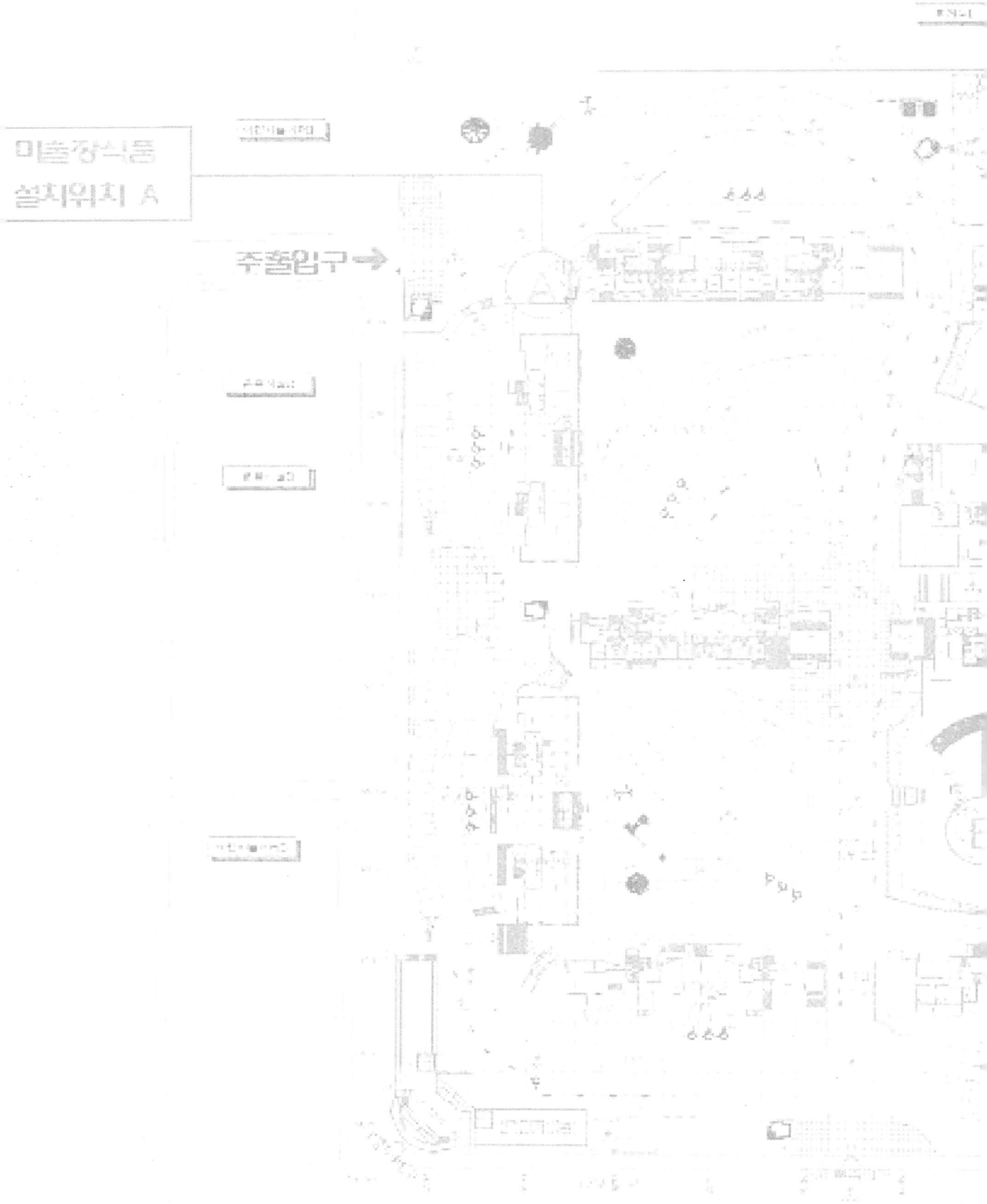
미술장식품
설치위치 A
주출입구

1 설계도를 보는 법

건축과 조각은 떼려야 뗄 수 없는 공통분모를 가지고 있다. 그만큼 조각의 조형설계 부분에서도 건축 설계도면은 작품의 모양이나 제작방법을 좌지우지하는 중요한 부분이 되기도 한다. 특히 환경조각에서는 주변 환경을 고려해 작품을 제작해야 한다는 점에서 더욱 그렇다. 건물이나 조경과 너무 동떨어지는 형태나 색을 자제하는 것은 물론 작품이 설치될 곳의 지반 하중이나 구조계산, 경사도 등의 여러 환경도 참조해야 한다. 그러기 위해서는 작품 제작 전 설계도를 보는 방법을 알아야 한다.

여기서는 작품을 세우는데 필요한 아주 기본적인 설계부호나 도면 표기 약어 등만을 설명하였으며, 실제로 사용되고 있는 설계도면과 그 위에 작품이 세워졌을 때의 모습을 3D를 이용하여 참고용으로 담아 보았다.

1. 설계도면 표기 익히기

TIP 설계도면에 그려진 부호나 도면 표기 약어 등을 기본적으로 익혀야 설계도를 쉽게 볼 수 있다. 시설물별 표준으로 정해진 것은 없으나, 설계, 배치된 시설물의 형태와 유사한 약시부호를 사용하여 표기함으로써 전달력을 높이도록 한다. 또한 여기에 제시된 도면 표기는 '한국조경사회'에서 사용하고 있는 것임을 알려둔다.

1) 부호 – 재료표기

표기법	내용	표기법	내용
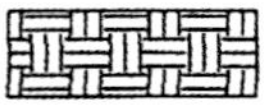	지반(흙)		잡석다짐(깬돌)
	지면(흙)		잡석다짐(자갈)
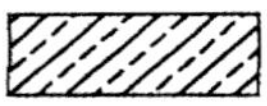	석재	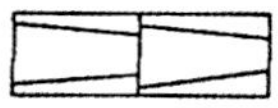	블럭
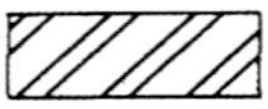	금속(대규모)	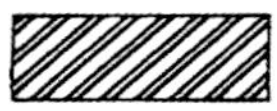	벽돌(치장용)
LIC	금속(소규모, 형강 철구)		시멘트벽돌
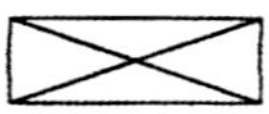	목재(거친 면)		자갈
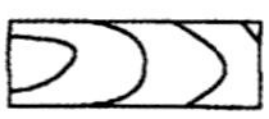	목재(다듬은 면)	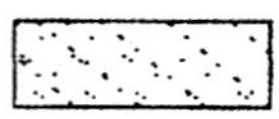	모래
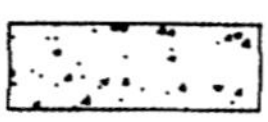	콘크리트(무근)	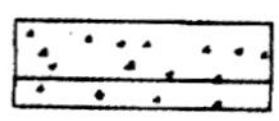	콘크리트(철근, 소규모)
	콘크리트(와이어 메쉬)	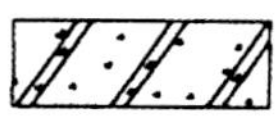	콘크리트(철근, 대규모)

2) 도면 기호

표 기 법	내 용	표 기 법	내 용
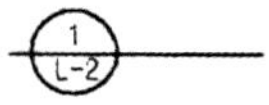	평 면 도	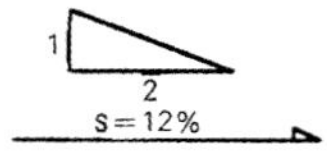	경 사 도
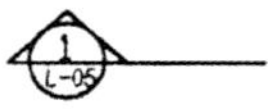	입 면 도	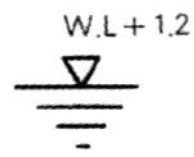	수 위
	단 면 도	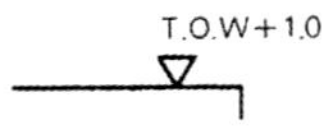	입/단면 높이(마감높이)
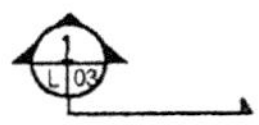	단 면 인 출	T.O.W (T.W) B.O.W (B.W)	옹벽 등의 입(단면) 상단고/하단고 TOP OF WALL BOTTOM OF WALL
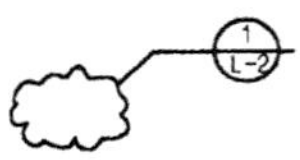	확대평면 인출	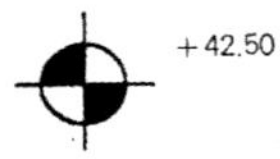	지 반 고 (SPOT ELEV.)
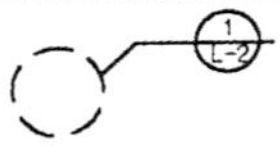	상 세 인 출	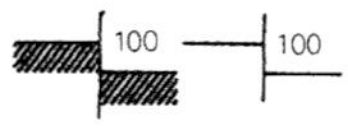	평면 단차 표기
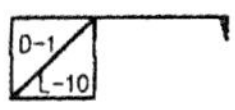	표준단면 축선	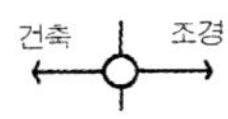	영 역 구 분
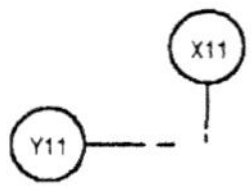	평면배치 축선	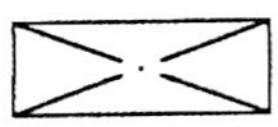	비 움
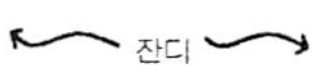	표 면 상 태	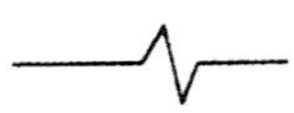	절단선(중간생략)
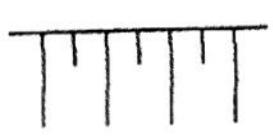	법 면 표 시 1		법 면 표 시 2
	방 위 표	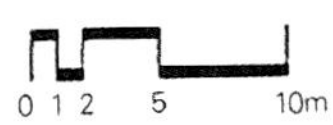	바 스 케 일

3) 시설표기 부호

표기법	내용	표기법	내용
	방향표지판		횡단배수구
	광장등		U형 측구
	가로등	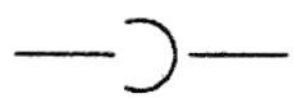	배수관로
	정원등		석축
	녹지등		옹벽
	투사등		상록교목류
	볼라드	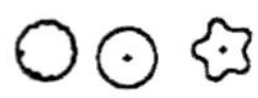	낙엽교목(경관수)
	수목보호대		낙엽교목(녹음수)
	낙엽교목(화목류, 유실수)		낙엽관목류
	상록관목류		지피/초화류

표 기 법	내 용	표 기 법	내 용
	등 의 자		휴 지 통
	평 의 자		빗 물 받 이
	안 내 판		집 수 구
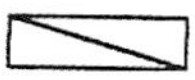	게 시 판		맨 홀

4) 도면표기 약어

표기	내용	표기	내용
E.L.(ELEV.)	표고(Elevation)	D10	지름(내경, 이형)
G.L	지반고(Ground Level)	G.L	이형철근/원목 등의 직경
F.L	계획고(Finish Level)	3@100=300	간격(at/재료, 거리, 배열)
W.L	수면 높이(Water Level)		10cm간격 3개소=30cm
F.H	마감 높이(Finish Height)	C.C.A방부	크롬, 구리, 비소(목재방부제)
B.M	표고 기준점(Bench Mark)	Z.K.F방부	아연, 칼륨, 불소(목재방부제)
W=1.2m	너비, 폭(Width)	N75/#8	재료 공칭치수(못/철망 등)
H=1.0m	높이(Height)	P.C	Precast Concrete
L=1,000	길이(Length)	CON'C	콘크리트
ϕ=300	지름(외경, 둥근형)	δ_{ck}=180kg/cm^2	콘크리트 강도(레미콘)
T/THK=10mm	재료 두께(Thickness)	STS. PL.	Statinless Steel Plate
r=800	반지름(Radius)	ST.	철재(Steel)
EA	개(Each)	THP	나선형 플라스틱관
TYP	표준형(Typical)	MH	맨홀
B.C	커브시점(Beginning of Curve)	EXP. JT.	신축줄눈(Expansion Joint)
E.C	커브종점(End of Curve)	G. R. C	인조 성형 시멘트
DN	내려감(Down)	UP	올라감(Up)

2. 상세 설계도면

▸ 작품 '해와달' 은 지하 환기구를 조형적 언어로 감각있게 표현한 작품이다. 지하가 환기구임을 감안하여 지하에서 발생되는 공기의 양을 적절하게 작품 사이로 환기될 수 있도록 구조계산하였다.

▸ 작품 'The Space' 는 배가 순조롭게 항해하는 모습을 단순화한 작품으로 덩어리로 포인트를 주어 시인도를 높였다. 사람들의 동선을 파악하여 작품을 감상하면서도 출입에 문제가 없도록 충분한 여유를 주었다. 시선 또한 건물 높이에 비례하도록 작품의 크기를 고려한 센스가 돋보인다.

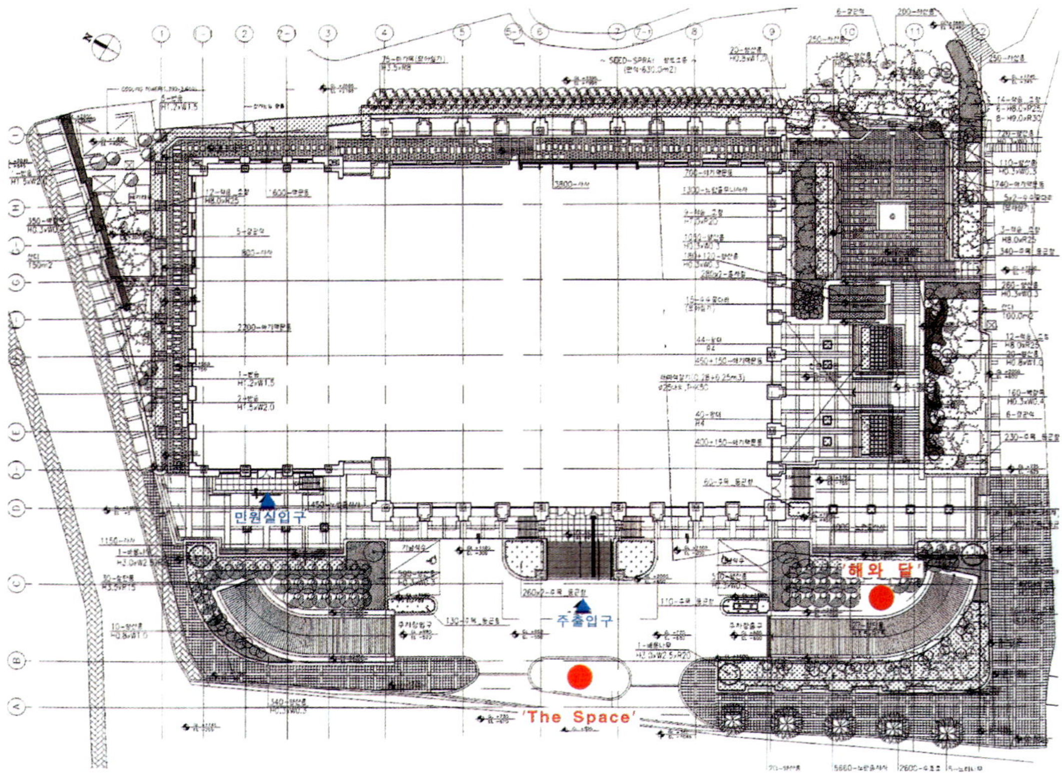

서울지방 국세청 설계도

정대현-해와 달

정대현-The Space

▶ 작품 '태양을 향하여' 는 주출입구에 설치되는 작품임을 고려하여 제작하였다. 입구이기 때문에 사람들의 보행이 많고 함께 어울릴 수 있는 휴식 공간으로 분수를 작품과 조화시키면서 이미지 상승 효과를 가져다 주고 있다.

▶ 작품 'sun& moon' 은 차량과 보행이 많은 곳임을 감안하여 심플한 이미지를 조형적으로 작품화하였다. 또한 지하 공간이 주차장임을 고려, 지반에 무리가 가지 않도록 작품의 하중을 최소화하여 설치하였다.

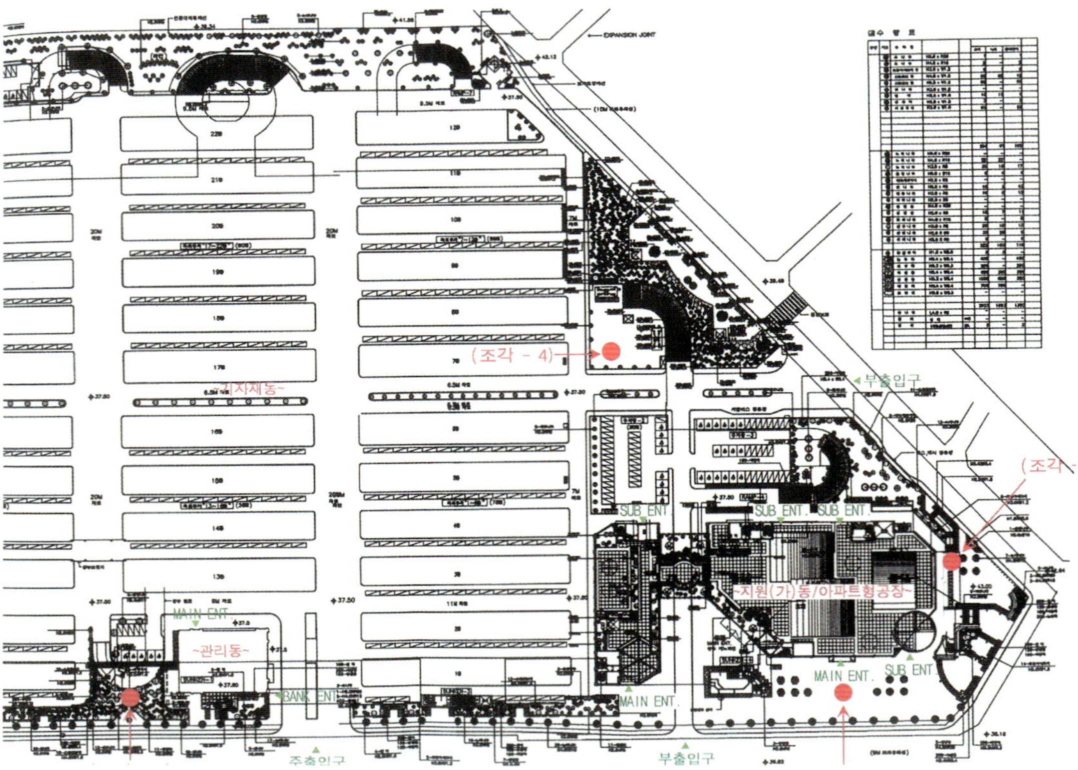

안양 국제 유통단지 설계도

정대현 - 태양을 향하여

이정주 - Sun & Moon

▶ 작품 '은빛 선율' 은 현대적인 공법(유리)으로 지어진 건축물 앞에 세워지는 작품임을 감안하여 심플하면서도 역동적인 조형성을 강조하였다. 많은 보행자를 고려, 작품 안으로 보행을 할 수 있게 하여 누구든지 함께 즐길 수 있는 친근감을 안겨 주었다.

▶ 작품 '시각의 창' 은 화단과 휴식 공간이 함께 공존하는 공간이라 짙은 컬러를 이용, 시각적인 안정감을 주도록 노력하였다. 또한 좌대 밑으로 높이감을 주어 앉아 즐길 수 있는 휴식의 공간을 최대한 누릴 수 있도록 하였다. 이 작품의 경우 지상 2층에 설치되어 하중에도 무리가 없도록 신경을 썼다.

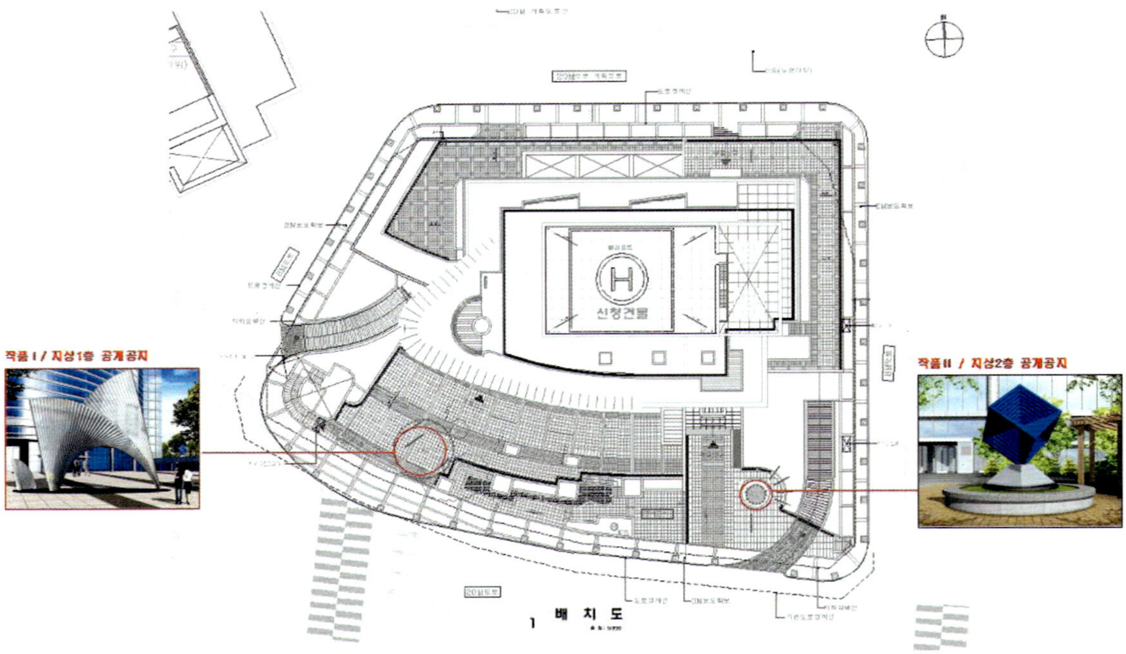

양동 설계도

이정주－은빛 선율

이정주－시각의 창

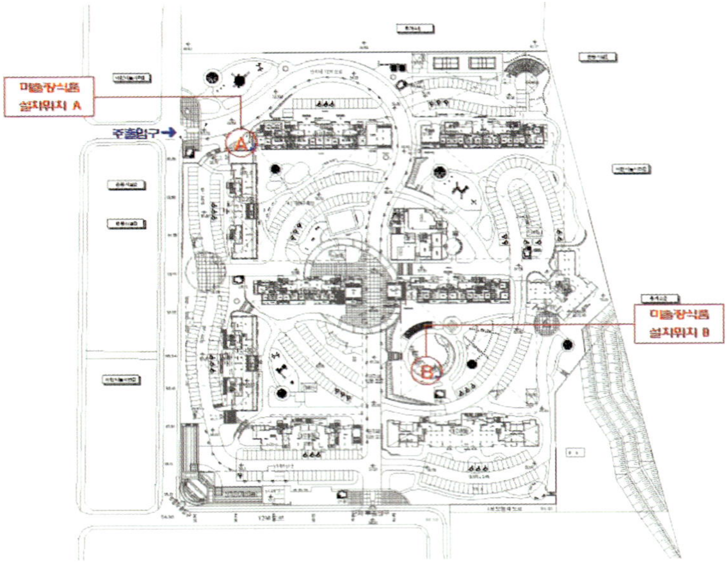

광주 현진에버빌 설계도

▸ 작품 '밀레니엄 타임'은 수경 시설에 설치되는 작품임을 고려하여 표면을 유광처리, 3차원적인 분위기를 고조시키도록 노력했다. 구의 나누어진 면들은 물과 함께 시각적 착시현상까지 일으킬 수 있다.

이정주 – 밀레니엄 타임

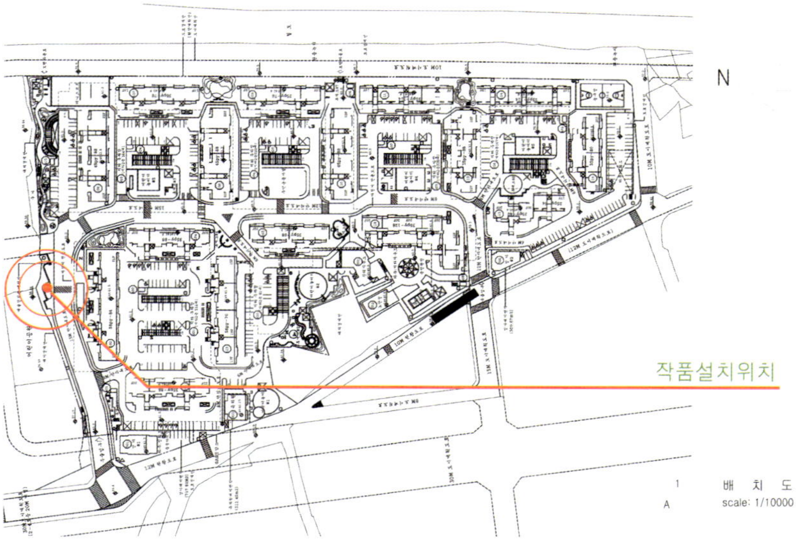

의정부 호원동 신일유토빌 설계도

▶ 주거 단지인 아파트에 세워진 본 작품은 주변에 있는 수목과 보행에 지장을 주지 않으면서 전원을 거닐 듯 다각도에서 작품을 감상할 수 있도록 조형화하였다.

김희완 – 전원의 상념

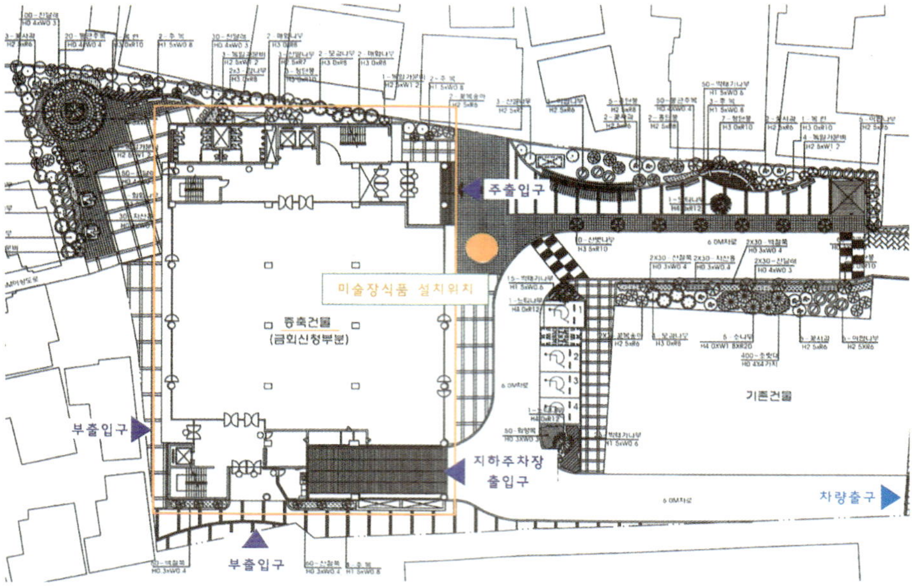

천호동 하영빌딩 조경 설계도

▶ 현대적인 소재의 유리로 건물 외관을 처리한 만큼 작품 또한 세련된 느낌의 스테인레스 스틸을 사용, 건물과의 조화에 중점을 두었다. 또한 작품 표면을 유광처리하여 시각적 다양성을 추구하였으며, 보행자의 동선을 생각하여 어느 곳에서나 작품을 감상할 수 있도록 조형화하였다.

이정주 – 밀레니엄 타임

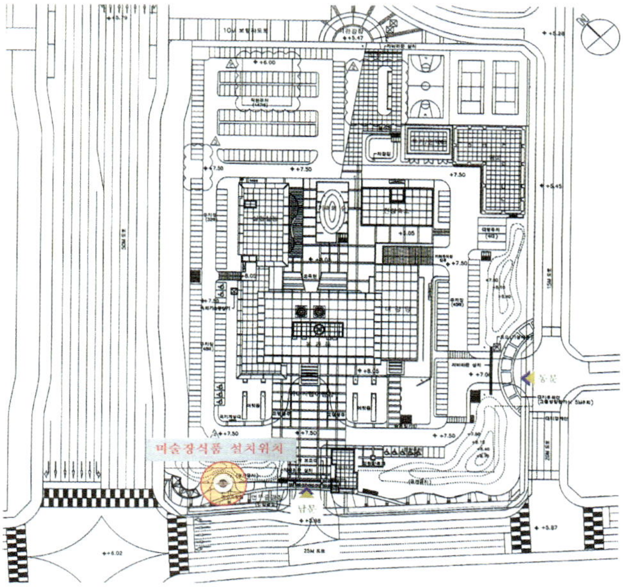

인천 해양 경찰청 조경 설계도

▶ 이 작품의 경우, 해양 경찰청의 이미지를 잘 보여주는 작품으로 상징적인면과 조형적인면에서 손색이 없는 작품이다. 야간에는 조명을 이용하여 등대의 이미지까지 심어주어 해양 경찰청을 상징하는 작품으로 인정 받았다.

정대현 – 희망의 등불

105

2 환경기본계획 이해하기

작품을 창작하는데 있어서 가장 중요한 것은 작가만의 색이 묻어나는 창작력이지만 환경조각에서는 여기에 한 가지 조건이 더 붙게 된다. 주변 환경을 정확하게 이해하는 능력이다. 작품이 세워질 곳의 공간 활용도나 작품을 즐기는 사람들의 정보, 주변 환경이 가지고 있는 컬러, 작품을 감당할 수 있는 지반상태, 혹은 높이나 작품 운송방법까지도 고려해야 할 때가 많기 때문이다.

환경에 대한 기본계획을 이해하는데 있어 주변 설계도는 기본이 되는 조건이 되며, 그 밖에도 작품이 세워질 공간이 고층 건물이 들어찬 도심 속인지, 가족단위의 사람들이 즐기는 아파트 단지인지, 혹은 공공장소에서 휴식을 필요로 하는 것인지까지도 함께 고민해야 한다.

다음에 보여줄 작품들은 환경에 가장 많은 영향을 받는 도심 속 환경조각들로 주거단지를 위한 작품이나 상징성, 휴식성을 필요로 하는 곳에 설치된 실제 작품들이다. 그 밖에도 외국의 경우 어떤 모습의 환경조각들이 있는지 간단한 사례를 함께 담아 보았다.

1. 도심 속 환경조각

1) 주거 공간 환경조각

환경조각의 경우 공간은 하나의 형태와 그것을 지각하는 인간과의 상호관계에서 형성되며, 지각적 공간을 기본으로 하고 주관적인 공간의 체험을 통해서 보다 체계적인 것에 접근하려고 한다. 이에 주거단지 속에 세워지는 작품은 주거하고 있는 사람들의 형태에 따라 접근도를 달리하여야 한다. 아파트나 주상복합의 경우 평수나 주거인들의 직업, 나이 등의 고려도 무시할 수 없는 상황이다. 요즘에는 주거인들과의 공간적 체험을 극대화 시킬 수 있는 작품들이 늘어나고 있는 추세다.

정대현-The Space(대우 트럼프 월드)

▶ 차량이 회전하는 부분을 적절하게 이용하여 다각적인 조형성을 보여주고 있다.

이정주 - 밀레니엄 타임(목동 파라곤)

▶ 수경시설이 함께 한다는 점을 감안하여 주민들이 함께 즐길 수 있도록 율동적인 면을 강조하여 조형화 한 작품이다.

이정주 - 밀레니엄 타임(인천 신양 건설)

▶ 보행도로 옆에 설치되는 작품으로 면분할을 통해 주민들의 다채로운 모습을 담을 수 있도록 제작하였다.

이정주 – 밀레니엄 타임(목동 삼성 쉐르빌)

▸ 아파트의 프론트 역할을 하는 부분으로 천정이 있고 지하에는 주차장이 위치한 애매한 공간이었지만 율동감이 넘치는 작품을 이용, 공간적인 구성을 허전하지 않게 해주면서도 지하주차장에는 큰 무리가 없도록 하중까지 고려한 작품이다. 아파트를 출입하는 주민들에게 강한 자부심과 상징성을 줄 수 있도록 노력하였다.

이정주 – 밀레니엄 타임(분당 대우건설)

▸ 협소한 공간에 세워지는 작품인만큼 심플한 조형성을 통해 주변의 복잡한 상황들을 한 마디로 함축하는 정리감이 넘치는 작품이다.

이정주 – 시각의 창(창동)

▸ 화단의 한쪽을 자리한 협소한 공간. 하지만 아파트 벽면을 이용하여 디자인적이 조형성을 가미, 주민들에게 작은 공간 속에서도 열린 시각을 줄 수 있도록 조형화 하였다.

이정주 – 밀레니엄 타임(분당 아데나루체)

▸ 주변이 대부분 높은 주거건물임을 감안하여 주민들에게 휴식처를 줄 수 있도록 도시적이면서도 간결한 형태의 모습을 선사하였다. 간결한 모습 속에서도 강한 포인트로 힘과 율동적인 세련감까지 함께 느낄 수 있다.

이정주－밀레니엄 타임(중계동)

▶ 아파트 광장이라는 다소 허전한 공간에 세워진 작품으로 중앙에 포인트를 줄 수 있는 모습으로 형상화하였다. 다각도에서 감상이 가능하며 아이들이 광장에서 뛰어 놀기에도 큰 무리가 없도록 안전성에 신경을 썼다.

이정주－은빛 선율(방대동 대우)

▶ 주거 생활과 상업시설이 함께하는 오피스텔 정문에 세워진 작품으로 아파트와 달리 현대적이고 딱딱한 이미지를 가진 건물의 분위기를 완화하고자 노력한 작품이다. 단순한 형상의 반복이지만 율동감이 다채로운 선율을 만들어 주었다.

정대현 - The Space(목동 삼성 쉐르빌)

▶ 목동 고층 아파트 단지에 들어가는 작품으로 단순한 직선형태로 정돈하여 주민들에게 오히려 편안함을 가져다 준다.
중앙 광장에 세워지는 이 작품으로 인해 주변 공간을 정화시키고 쾌적함을 안겨주어 건물의 고급스러움을 더욱 높여주고 있다.

김문규 - 빛(코오롱 레이크 폴리스)

▶ 대단위 오피스텔 단지에 들어가는 이 작품의 경우, 주변의 조형물 중에서도 눈에 띌 정도로 육중한 느낌의 재료와 과감한 형태의 표현으로 환경을 압도적으로 정리하고 있다.
고층의 건물만큼이나 육중한 조형 형태를 갖춰 주민들의 프라이드를 한껏 고취시킬 수 있는 작품이다.

정대현－The Space(목동 하이페이온)

▶ 수평 수직의 건물 벽면구조를 배경으로 한 이 작품은 배경과는 달리 자유곡선으로 이완과 긴장을 반복하게 만든다.
딱딱하게만 느껴지던 주상복합건물이 사람 냄새가 숨쉬는 따뜻한 모습으로 바뀌는데 한 몫을 하고 있다.

이정주－밀레니엄 타임(당진 대우)

▶ 아파트 단지 주출입구 돌담 위에 자리잡은 이 작품은 수목과 조화를 이루며 금속성의 강한 이미지를 잘 표현해내고 있다.
입구에 들어서면 가장 먼저 보여지는 작품으로 주민들의 프라이드를 한껏 고취시키기에 부족함이 없는 강한 생명력과 율동성이 선보이는 작품이다.

박헌열 – 천사와 나무(코오롱 레이크 폴리스)

▶ 작품의 좌우 건물과 후방 공간에서 새롭고 경쾌한 공간을 창조하여 시각적 미를 극대화한 작품이다.
고층 오피스텔 앞에 상징적으로 자리잡고 있어, 건물의 세련됨을 더욱 돋보이게 상징화시킨 모습이다.

유동열 – 동심이야기(의정부)

▶ 작품 표면을 반사시켜 공간의 투영이나 침투, 반영, 재현 등을 인식하게 한다.
동글동글 재미있는 형태로 주민이나 아이들에게 반사로 오는 환상 공간의 세계를 만들어 줄 수 있는 작품이다.

2) 공공장소 환경조각

시각환경은 한 번 형성되면 그 이미지가 모든 사람에게 전달되어 깊은 영향을 미치게 되며, 물리적으로도 제거하거나 수정하기가 어려운 특이한 특성을 가지고 있다. - 최병상, 환경조각 20p-

주거단지 속 환경조각 또한 한 번 성립된 이미지를 수정하기 힘들지만 공공장소에 세워진 환경조각의 경우 더욱 다양한 인물군을 접하게 되어 그 파급효과는 생각보다 커지게 된다. 특히 공공장소에 세워진 상징적인 특성을 가진 조각품은 일류 브랜드의 상표처럼 공간이나 시설물을 대표하는 경우가 많아 물리적인 수정을 가하는 것조차 힘들 수 있다. 그만큼 공공장소에 세워진 환경조각은 시각적 충격을 이용하여 사람들의 심미환경이나 정서환경에 큰 영향을 줄 수 있다.

정대현-해와 달(국세청)

▸ 국세청 상징조형물로 세워진 본 작품은 원뿔 형상으로 이루어져 있으나 형태의 반복구조가 긴장과 성장의 느낌을 주며 활기를 불어 넣어주고 있다. 복잡한 도심의 산만한 동적요인을 작품으로 하여금 정화하고 있는 모습이다.

이정주 – 빛의 화합(도봉구청)

▶ 도봉구청 신청사에 자리잡고 있는 이 작품은 도봉구가 하나가 된다는 의미를 내포하고 있는 작품이다. 원형의 단순한 형태이지만 운동감이 넘쳐나 도봉구청의 상징조형물로 손색이 없어 보인다. 밤에는 빛을 이용, 화합된 하나의 모습을 밤에도 감상할 수 있도록 조형화하였다.

이정주 – 희망을 향하여(올림픽 대로)

▶ 올림픽대로에 세워진 작품이다. 올림픽 종목 중 '조정'을 표현한 작품으로 비구상보다는 구상적인 면이 강하며 차를 타고 지나가거나 보행시에도 쉽게 감상 할 수 있도록 중앙선에 설치, 송파구가 올림픽을 치뤄낸 구임을 강력하게 표현해 내고 있다.

김세중 – 충무 이순신(광화문)

▸ 광화문 도심의 트레이드마크적인 강한 인상을 주고 있는 충무 이순신의 동상. 나라를 지키듯 아래를 내려다 보고 있는 이 작품은 광화문의 구심적인 역할을 톡톡히 해내고 있다. 서울시에 있는 어떤 작품보다 시각환경을 고정시킨 작품으로 수정이나 제거가 힘들 정도로 우리에게 큰 영향력을 끼치고 있다.

박창훈 – 최적의 조건 2000(일산동구청))

▸ 일산 동구청에 세워진 이 작품은 구청건물의 형태와 조화가 잘 어울린다. 나무의 복잡하고 섬세한 가지나 잎 등에 의하여 형태언어로서 의미를 형성하였다. 밤에는 빛을 이용하여 다른 느낌의 작품을 감상할 수 있도록 하였다.

전상욱 - 동심의 기억(전농동)

▶ 동심의 순간을 포착하여 운동과 시간의 개념을 표현한 이 작품은 공간적 특성을 잘 살린 환경조각이다. 누구나 쉽게 다가올 수 있는 느낌을 이용하여 조형적 환경효과를 극대화 시켰다.

백남준 - TV나무(포스코 센터)

▶ 철강회사의 이미지와 부합된 백남준 작품이다. 비디오 아트로 유명한 백남준의 작품을 이용하여 시인도를 높였다. 공중에 설치한 작품임에도 불구하고 회사의 이미지와 잘 맞아떨어지는 안정감으로 포스코 센터를 찾은 사람들에게 강한 인상을 심어준다.

2. 외국의 환경조각 사례

도시 환경미화를 위한 건축법이 '95년부터 시작되면서 환경조각이 급격하게 늘어났다. 우리나라보다 앞선 조건에서 환경조각의 붐이 일어난 외국의 경우는 어떠할까. 외국의 선례를 살펴봄으로써 현대도시의 신설이나 재개발 과정에서 외부환경을 조각에 의하여 어떻게 창출하고 있는지 비교하여, 우리나라에서도 발전 방향을 모색할 수 있는 합리적인 자료로 삼아야 할 것이다.

Alexander Calder - Flamingo

▶ 이 작품의 경우 먼 데서 보거나 언뜻 지나쳐도 눈에 띄는 강한 색채를 사용함으로써 공간의 성격이 전이되는 통쾌한 공간으로 변화되고 있다. 많은 사람들은 이 작품을 보고나 참여하면서 지속적인 운동과 색채변화의 요인을 제공받아 조형의도를 체험하게 되므로 의식적이든 무의식적이든 간에 작품이 시민의 정서에 크게 영향을 미치게 된다.

Anlsh Kapoor – Cloud Gate

▸ 주변 환경이 투영에 의하여 내재화하고 시각화하여 공간의 성장성과 확산성을 높였다. '구름문'이라는 제목처럼 시카고의 멋진 스카이라인이 이 작품에 모두 드러난다. 하늘의 변화하는 얼굴을 그대로 비추는 거울을 통해 바쁜 일상 속에 우리가 놓치기 쉬운 다양한 모습을 표현하며 인간들이 함께 조화를 이루는 세상을 담아내고 있다.

Marc Chagall – Four Seasons

▸ 수천 개의 미세한 돌 조각과 유리 조각들을 붙여 만든 샤갈의 작품. 풍부한 색채와 사물을 단순화시켜 '아이들 장난감'을 보는 듯한 동심의 즐거움을 통해 삭막한 도시인들의 마음을 녹여주고 있다. 샤갈만이 간직한 색채와 감성이 넘쳐나는 풍부한 시적 조형성은 사계절의 다채로움으로 표현되어 사람들의 접근성을 한껏 높여주고 있다.

Alexander Calder - Flying Dragon

▸ 복잡하고 불안한 현대도시에 대하여 단순하고 안정된 구조로 명확한 형태를 이루고 있으며, 채색의 시각대비를 이루어 안정되고 경쾌한 환경을 구사하게 만든다. 또한 높은 명시도로 녹지대와 보색조화를 이루어 강하고 화려한 휴식의 정서공간을 구성하고 있다. 도심지 공간으로서의 쾌적한 시각특성에 조화를 이룬 작품이다.

David Smith - Cubi

▸ 스테인레스 스틸을 사용해 제작된 건축적 구조의 기념비이다. 이 작품에는 사각기둥 위에 직사각형의 구조물이 몇 개씩 조합되어 있는데, 광택을 낸 이들 금속의 표면은 햇빛 아래 고대의 영웅상처럼 번쩍이고 있다. 정형화된 네모난 모양이 딱딱할 수 있으나 겉면처리로 인해 윤회하며 전진할 듯한 운동감이 느껴진다.

Claes Oldenburg – Batcolumn

▸ '나는 하나의 물체를 선택해 그 기능적인 성격을 완전히 없애기를 바란다'는 올덴버그의 말처럼 흔히 마주치는 일상용품의 아름다운에 큰 관심을 가졌던 그의 작품은 일상용품을 그저 실용품으로만 고정시켜 보는 시각을 버리고 하나의 작품으로 승화시켰다. 건축미술 계획에 따라 시카고에 있는 사회보장 관리국의 건물에 만들어 놓은 이 작품은 주변과 유사적인 색채로 명시가도 낮아질 수도 있으나 높이에서 느껴지는 상승감과 운동감을 이용, 조형적 미를 체험하게 해준다.

Marta Pan – Sculpture Flottante 5

▸ 적극적인 성격을 구사하고 있는 중앙공간의 낮은 연못을 통해 특이한 공간구성을 만들어 내고 있다. 주변 환경의 자연색과 연못에 투영된 하늘의 청색, 그리고 작품의 단색 조화가 묘한 대비를 이룬다. 하늘색의 변화와 바람의 의한 수면의 운동에 따라서 또는 사계나 태양의 위치에 따라서 작품의 성격이 달라지게 느껴진다. 도시민들에게는 휴식과 안정감을 줄 수 있는 작품이다.

Frank Gehry – Jay Pritzker Pavillon

▸ 새로운 밀레니엄 파크 비전을 위한 프랭크 게리의 작품. 건축과 모뉴멘탈 조각, 랜드스케이프 디자인의 전통과 결합하여 시카고에서 가장 사랑받는 작품으로 태어났다. 주변 컨텍스트를 거부하지만 그것들과 함께 어울리려는 보이지 않는 범위를 내포하고 있어 시인도 고취는 물론 현대적 세련된 조형적 모습으로 주변환경과 오묘하게 어울림을 이루어내고 있다.

George Rickey – Two Lines Oblique

▸ 이 작품은 침투나 투시되는 환경과의 관계를 이용, 작품에 접근하여 공간과 시각과의 의미를 읽을 수 있게 한다. 두 개의 비뚤어진 선들이 하늘에 투과되는 형상은 이 작품의 특수언어라고 보여진다. 섬세한 얇은 선이 배치되어 있어 공간이 투과되어 형태의 구조나 색채의 주목성이 약하나 하늘을 배경으로 산책로에 설치, 사람들의 접근성을 용의하게 하여 친근감을 높이도록 노력하였다.

Henry Moore – Larg Int rior Form

▸ 고층 건물 앞에 세워진 헨리무어의 작품은 브론즈의 중후한 자유형태로서 비합리성과 인간적인 형상이 연합되어 도시환경을 구성해야 하는 현대도시에 있어서 보다 인간적인 환경이 필요하다는 절실함을 수긍하게 한다. 이 작품은 상상력을 높이기 위해 형태를 최대한 단순화했으며 가공된 흔적을 지우고 마모된 조약돌처럼 자연스럽게 조형화하였다. 부드럽게 닳아 없어진 형태의 조각 작품은 도시인들에게 마치 상상력을 만드는 구름과 같은 역할을 수행한다.

John David Mooney – Spiral Galaxy

▸ 높지 않은 건물의 배경과 스테인레스 스틸의 강한 반사를 이용하여 시인도를 한껏 높였다. '소용돌이 치는 은하수' 란 제목과 잘 어울리게 소용돌이 치는 형상을 한 반복된 선에 의하여 지속적인 운동감을 보여주고 있다. 이런 지속적인 운동감은 주변 환경을 생동감과 변화의 발전 지향적인 역동적 공간으로 만들어 소생하는 공간을 탄생시켰다.

Jaume Plensa - Fountain

▶ 현재까지 시카고에서 가장 비싼 공공 설치물 중 하나인 분수작품. 서로 마주보고 있는 타워의 다른 한 면은 각각 약 1천명의 시카고 시민들의 얼굴을 투영하는 Barco 사의 LED 디스플레이 스크린이 설치되어 있다. 또한 화면에 비춰진 시카고 시민의 거대한 입을 통해 물이 뿜어져 나오도록 설계되어 있다. 밤에는 LED 디스플레이 스크린과 LED 조명 설비를 사용해 이색적이고 아름다운 외형을 뽐내며 시카고 밀레니엄 공원의 대표작으로 꼽히고 있다.

George Segal - The Restaurant

▶ 주변의 고층건물이나 웅대한 현대식 구조에 비하여 작고 호소력이 약한 형태지만 생각과는 달리 시각적 역할이 크게 다가오는 작품이다. 이에 공간의 특성 있는 환경으로서 자리잡아 조형적 환경효과는 기대이상으로 크다. 산업사회의 현실을 미술 속에 적극적으로 수용하고자 한 긍정적인 측면 또한 지니고 있다.

Frederick E.Hart - Nam Veterans Memorial

▶ 워싱턴 D.C에 있는 베트남 참전용사 기념비와 관련된 조각작품. 베트남전을 잊지 말자는 의미의 이 조형물은 공원을 배경으로 세워져 베트남 전쟁의 느낌을 더욱 잘 살려주고 있다. 베트남 참전용사 기념비와 함께 베트남 전쟁을 잘 그려낸 환경조각품이라 할 수 있다.

Joachim Bandau - Erlanger Maschienfiguren

▶ 독일의 대학교 교정에 세워진 본 작품은 스테인레스 스틸 위에 흑색 도색을 하여 세워진 작품이다. 하얀색 건물배경은 물론 주황빛 바닥과도 대조를 이루며 시인도를 한껏 높이고 있다. 또한 교정 중앙에 세워져 넓은 영역의 공간을 차지하면서 사방에서 작품을 감상할 수 있도록 조형화하였다.

03 제 3 장

모형 제작

1 모형의 재료 및 도구

모형을 만드는데에는 수많은 종류의 기본적인 재료들과 추가 요소들이 사용된다. 모형재료의 선택은 디자인의 발전단계, 그 배후의 기본적인 아이디어, 계획된 모든 것이 올려 놓여지는 판 등에 따라 달라진다. 모형의 스케일, 이용 가능한 도구, 모형을 만드는 사람의 솜씨 등 역시 중요한 판단기준이 된다. 그 중에서도 결정요소의 기준은 전술한 모든 사항들과 서로 다른 재료를 사용함으로써 나타나는 효과에 대한 지식, 그리고 개인적 취향에 따라 달라지게 된다.
여기서는 모형을 만드는 다양한 재료들과 사용되는 도구들 그리고 제작순서를 간단하게 요약하고자 한다.

1. 모형의 재료 및 도구

1) 모형의 재료

모형 제작의 재료는 다양하지만 여기서는 가장 폭 넓게 사용되는 재료들을 다루었다. 또한 재료들과 관련된 모형 사진들은 실제 시립대학교 환경조각학과 학생들의 작품을 실은 것이다.

A. 종이, 카톤, 판지

이 재료들은 작업을 전개하는 모든 단계에서 사용하기에 적합하다. 이들은 손쉽게 구입할 수 있고 선택의 폭이 넓으며, 값싸고 작업이나 수정이 용이하다. 일반적으로 아래에 기술된 것처럼 이들 재료의 특수한 속성을 고찰하는 것이 필요하다. 재료들의 이러한 특징들을 확실히 파악하고 있을 때 최선의 상태로 사용할 수 있기 때문이다.

- 레이아웃 및 마커 용지 – 비중이 작은 가벼운 복사 용지는 두루마리의 형태로 구입가능하다.
- 드로잉 카톤 – 아주 얇은 알루미늄이나 플라스틱 판이 혼합된 카톤은 정확한 치수적 안정성을 보유하도록 해준다. 두꺼운 드로잉 카톤은 상당히 정확하게 자를 수 있고, 접착제를 바르기가 용이하다. 브러쉬나 스프레이 건을 이용해 모든 유형의 페인트를 쉽게 칠할 수 있다.
- 발포스티롤 판지 – 이 재료는 매우 가볍지만 종이의 양면 사이에 발포스티롤의 심을 포함하고 있기 때문에 상당히 견고하다.
- 판지 – 카톤과 판지와의 차이는 색깔에 있다. 판지는 인쇄된 재생 종이의 잔유물로 인하여 회색을 띨 수도 있으며, 혹은 목재 펄프의 찌꺼기 함유물 때문에 갈색을 띨 수도 있다. 기계화된 갈색의 목재펄프 판지보다 가벼운 밀짚판지는 더 무르고, 치밀하지 못한 것으로서 자를 사용하지 않고 손으로 자를 수 있다. 이 재료는 대지 모형을 조립할 때 사용된다.
- 골판지 – 골판지는 폭넓고 다양한 질과 크기로 구입할 수 있다. 골진 부분과 부드러운 부분이 양면으로 있어 다양하게 사용할 수 있다.

▸ **코르크 판** – 다양한 색채와 다양한 등급의 결 및 두께를 갖추어 구입할 수 있다. 공업 혹은 의약 분야에서 사용되는 코르크 판은 모형을 제작하는데 매우 적합하다.

B. 발포 플라스틱

재료 중 가장 일반적인 것은 발포 폴리스틸렌으로서, 여러가지 상표명으로 판매되고 있다. 발포 플라스틱은 모형의 재료 중 가장 광범위하게 사용된다. 폴리스틸렌 폼은 칼이나 발열톱으로 쉽게 절단할 수 있다. 그리고 난 후에 줄이나 사포로 대상물들을 끝마무리 한다. 페놀수지와 PVC 등과 같은 다른 종류의 플라스틱 폼은 발열톱으로는 절단될 수 없고 쇠톱으로만 가능하다. 아주 얇은 경우에는는 칼을 사용하여 절단할 수 있다. 플라스틱 폼을 접합할 때는 항상 올바른 접착제를 사용해야 한다. 왜냐하면 부적절한 접착제는 구멍을 낼 수도 있기 때문이다.

C. 석고, 폴리팔라

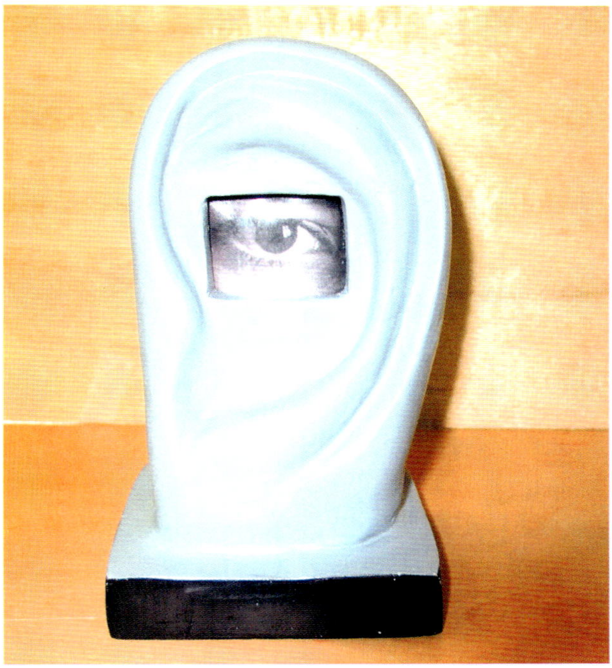

석고는 기존의 석고로 만든 물체를 교정하거나 자유로운 형상, 또는 특수한 물체를 제작할 때 필요하다. 건조한 석고는 물에 이겨 새로 사용된 석고로부터 빠르게 수분을 흡수하기 때문에 새로운 층은 즉시 굳어 버린다. 따라서 기존의 석고 덩어리는 브러쉬나 스폰지를 사용하여 미리 물이 충분히 스며 들도록 한다.

폴리필라는 석고보다 훨씬 더 천천히 경화하는 흰색 분말로서 변경 및 복구에 사용된다.

D. 목재

종이나 판지와 더불어 목조제품은 모형제작에 많이 사용되는 재료이다. 기초 판에서부터 극히 미세한 디테일에 이르기까지, 이 재료가 가지고 있는 견고성, 치수적 정확성 및 조립의 용이함 등의 이유로 모형제작에서 유용하게 사용된다.

목재로서는 나무 그 자체의 자연적인 색채와 결을 드러내는 원목과, 기초판으로 많이 사용되는 목재제품, 베니어판이나 합판, 파티클 보드, 수지 합판 등도 목재에 포함된다.

E. 유리

이 재료는 단단하지만 깨지기 쉽기 때문에 모형 제작에는 거의 사용되지 않는다. 자를 대고 홈을 새기기 위해서는 유리칼(다이아몬드 혹은 경화 스틸 휠)을 사용해야 한다.

F. 금속

철사, 판금, 철망 및 프로파일 등 다양한 재료들을 이용할 수 있다. 금속을 가지고 작업할 때는 정확히 잘라내고 정밀한 각을 만들어 내야 하기 때문에 특수한 도구들이 필요하다. 금속 요소들을 구부리거나, 구멍을 뚫거나, 접어 꺾거나 혹은 형태를 만들거나 금속작업을 할 때에는 반드시 보호안경을 착용해야 한다.

G. 아크릴판

유리와 같이 투명한 느낌을 살리지만 유리보다 우수한 광 투과율을 지녀 플라스틱의 여왕이라고 불리울 만큼 기품을 지닌 아름다운 광택으로 모형제작에서 많이 사용되는 재료다. 색도 다양하여 여러가지 느낌의 모형제작에 쓸모가 많다. 하지만 습기에 영향을 받아 휠 수도 있다는 점을 감안해서 두께를 적절하게 사용하는 것이 좋다. 아크릴판을 이용시에는 이에 알맞은 칼과 접착제를 이용하여야 한다.

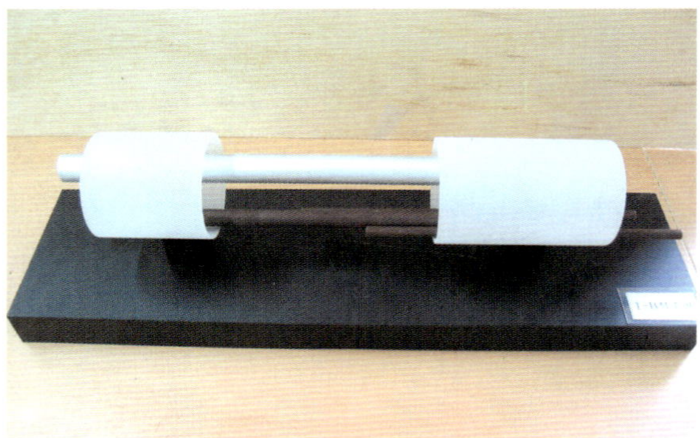

H. 포멕스

PVC를 원료로 하여 발포 압축한 제품이며, 플라스틱이나 목재의 장점을 그대로 갖추고 있다. 절단, 절곡, 진공성형, 합지 등 가공이 용이하고 녹슬거나 부식이 되지 않아 요즘 모형제작의 재료로 각광을 받고 있는 재료 중 하나다. 제작시에도 아크릴보다 가볍고 칼로 잘라도 잘릴만큼 가공도 쉽다. 뿐만 아니라 강도도 아크릴에 비해 뒤지지 않아 충격을 가졌을 때 깨지는 일도 없으며, 칼라도 다양하다.

I. 점토, 유토

점토 및 유토(왁스, 안료, 토분 등의 혼합물)는 작업이 수월하고 새형태를 다시 만들 수 있는 조소성 물질이다. 이 재료들은 형상을 나타내기 위한 개념 모형이나 작업 모형에 사용된다. 예전에는 대부분의 작품을 점토로 많이 사용하곤 했다. 점토 재고품이나 점토 모형은 플라스틱 호일을 사용해서 말라붙는 것을 방지하며 작업해야 한다.

J. 다양한 소품들

그 밖에 작품 모형으로 사용되는 다양한 소품들은 때론 자연소품이거나 공장제작 소품으로 나뉘어 사용된다. 그 종류는 예를 들 수 없을 정도로 다양하고 천차만별이다. 현대미술로 들어올 수록 다양한 소품의 쓰임이 늘어나고 있는데, 적절한 사용으로 개성있는 모형 작품을 완성할 수 있다.

2) 도구

모형을 제작하기 위해서는 재료에 맞는 도구들이 필요하다. 적절한 도구 사용과 제대로된 사용법 숙지는 모형제작시 생기는 사고를 줄이는 하나의 방법이다.

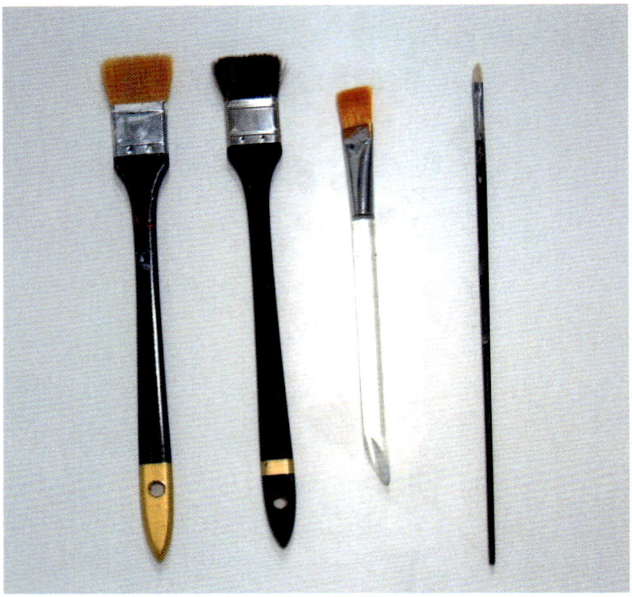

다양한 모형 색채 도구들

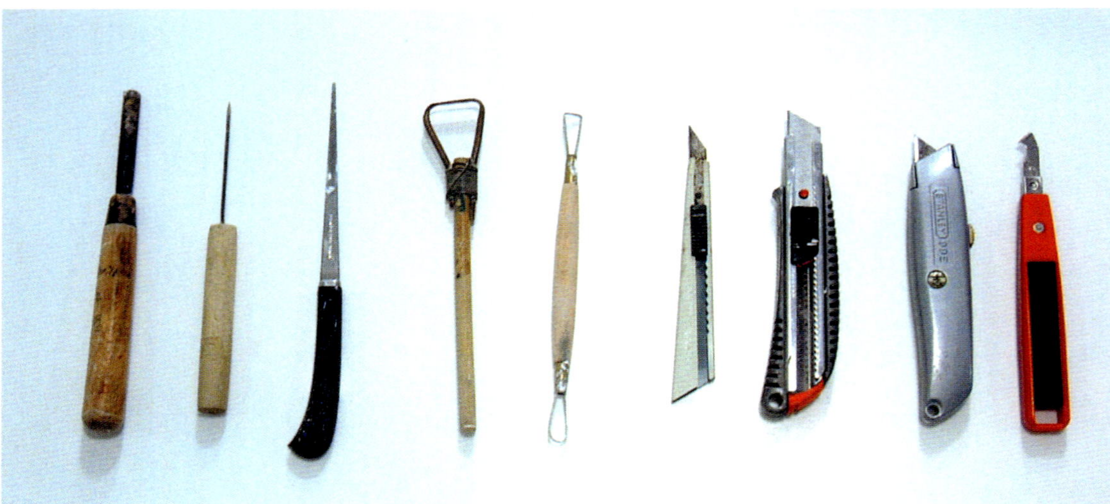

목재 및 다양한 종류의 종이, 아크릴, 포맥스 등을 절단하는 도구들

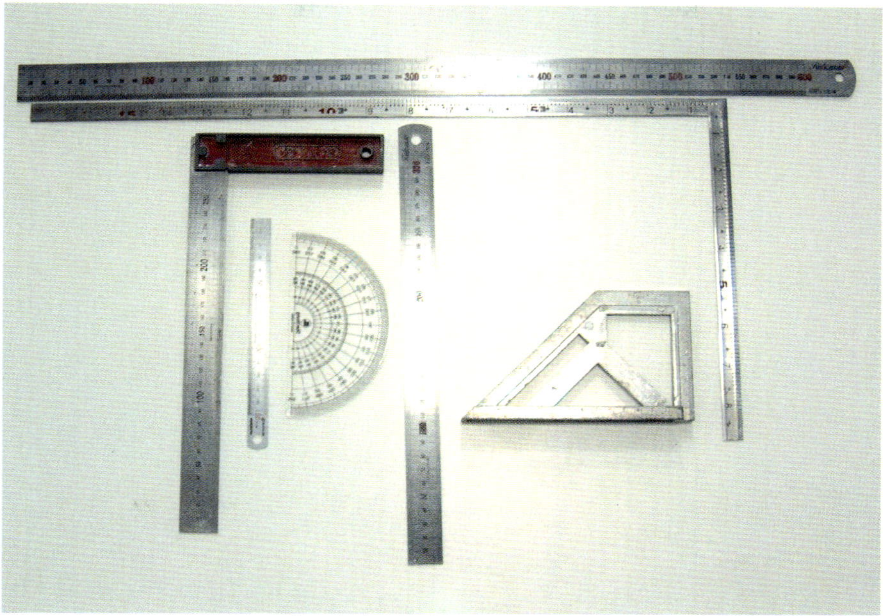

각도, 수치 등을 잴때 사용하는 도구들

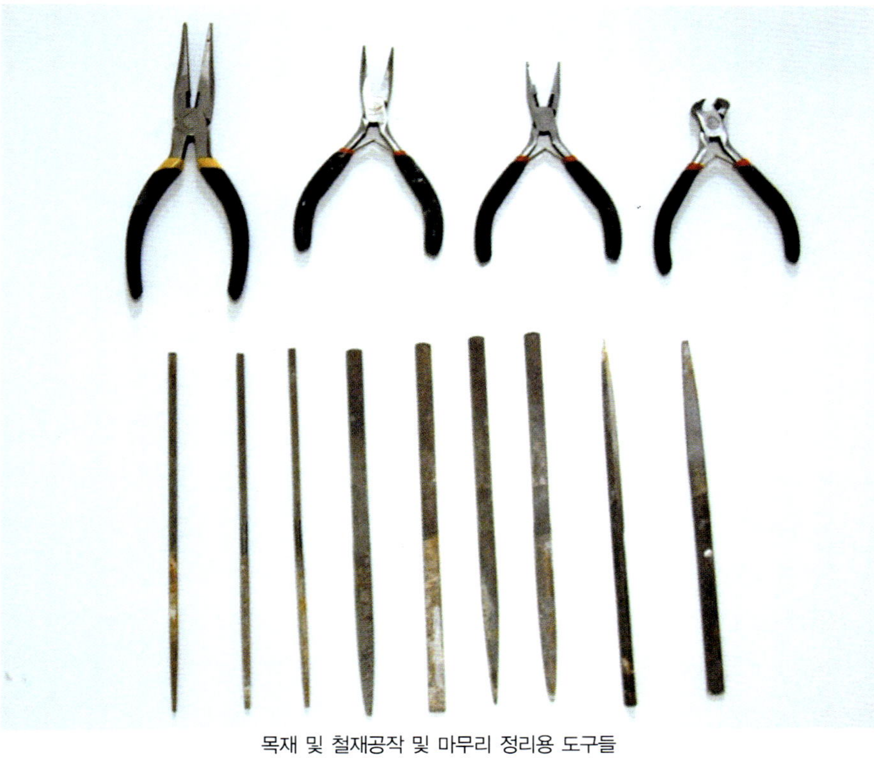

목재 및 철재공작 및 마무리 정리용 도구들

2 건물과 조화된 모형 예제

모형은 단순히 작품 디자인만을 표현하는 것이 아니라, 그 자체의 디자인 특성도 가지고 있다. 이것은 제안된 계획의 부합될 수도 있고, 혹은 다를 수도 있는, 그 자신의 해석을 나타내 보이고 있는 것이다. 모형의 의도된 설명과 원하는 효과는 시작 단계에서 분명하게 계획되어야 하며, 적절하게 잘 준비되어야 한다. 이런 방식으로 합당한 제작 재료와 제작 방법이 선택된다.

본 장에서는 모형을 만드는데 있어 주변환경과 얼마나 조화를 이룰 수 있는가를 배우고자 서울 시립대학교 환경조각학과 학생들이 직접 실기를 통해 스케치하고 만들어 낸 모형을 선보이고 있다. 이를 통해 자신이 가지고 있는 표현능력을 극대화시켜 보자.

▸ 전체적으로 깔끔한 이미지의 모형이다. 하지만 아쉽게도 건물과 작품의 컬러의 우수함에 비해 작품 밑의 자갈이나 나무들의 스케일이 건물과 맞지 않는다. 스케일을 좀 더 보완한다면 훌륭한 모형제작이 될 것으로 보인다.

▸ 건물과 조경에 많은 신경을 써서 시각적 집중도를 높인 모형이다. 하지만 가장 중요한 작품에 있어서 실제 동전을 사용함으로서 완성도가 떨어진다.

▶ 건축물과 조경면에서 우수한 면을 선보인 작품이다. 하지만 작품을 너무 강조한 나머지 다소 과장된 면이 조금 아쉽게 자리 잡는다.

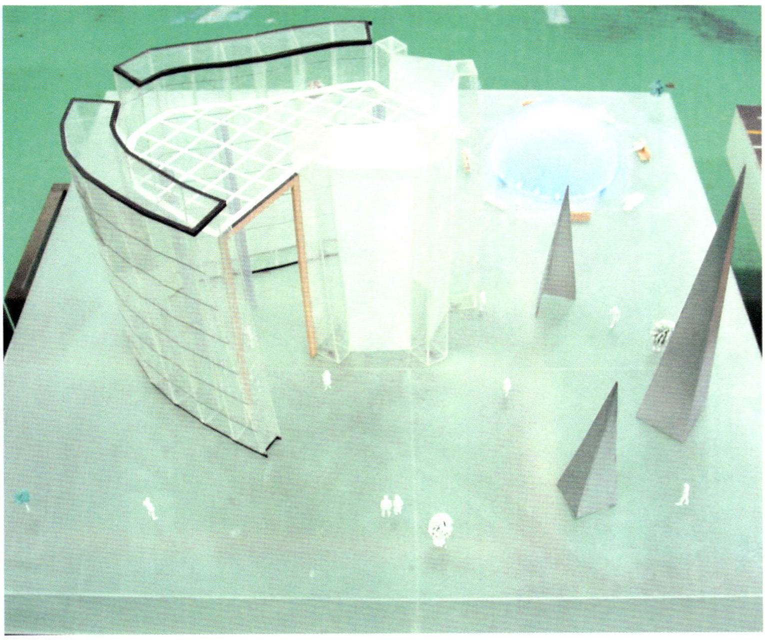

▶ 실험적인 느낌이 강한 모형으로 창작성에 점수를 주고 싶다. 조명을 사용하여 화사한 느낌을 강조한 것은 좋았으나 바닥에 아크릴을 사용하여 전기선이 직접적으로 보인 것은 단점으로 보인다.

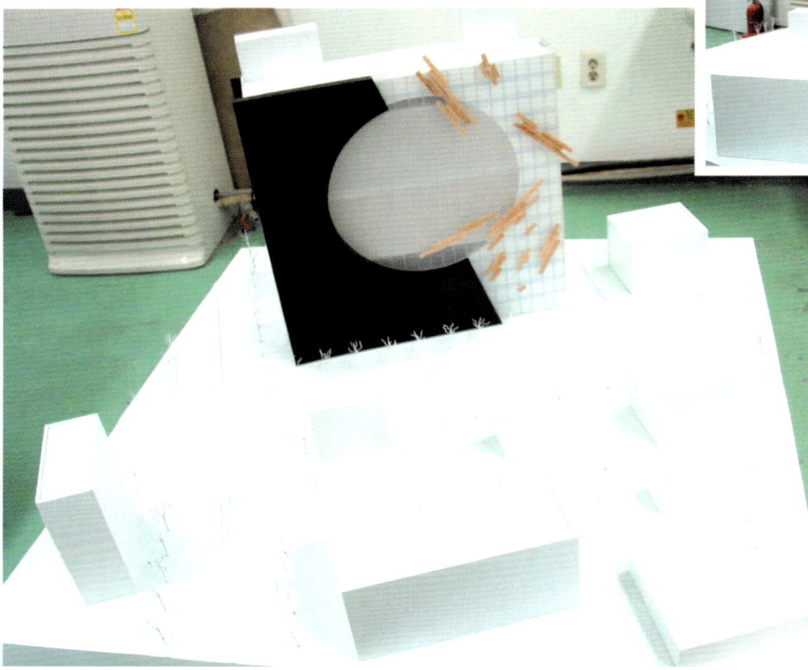

▸ 건축물에 직접 작품을 투입하는 재미있는 발상을 가진 모형작품이다. 본 건물을 강조하고자 주변 건물들을 생략한 것도 좋은 아이디어다. 심플한 느낌이지만 인상에 남는다.

▸ 보행자의 바닥을 종교적 의미를 넣어 만든 아이디어가 돋보인 모형작품 중 하나이다. 하지만 거친 느낌이 강해 전반적인 수정이 요구된다.

▶ 전체적으로 조화가 잘 이루어진 모형작품이다. 조경과 인물크기, 바닥과, 도로 등의 스케일면에서 손색이 없다. 하지만 작품의 크기가 건축물과 너무 대등한 느낌이 든다.

▶ 컬러의 표현과 함께 건축물이 깔끔하게 정리되어 안정된 느낌이 든다. 하지만 양쪽으로 도로를 만든 이유를 찾을 수 없으며, 사람과 조경에서의 스케일감이 맞지 않는다는 아쉬움이 있다.

▶ 건축물과 작품의 컬러를 잘 조화시킨 모형 작품이다. 전체적으로 신경을 많이 썼으나 보행자를 위해 깐 나무의 스케일이 맞지 않아 시각적으로 지루함을 주고있다.

▶ 건축물과 조경 작품들이 모두 문안하고 컬러도 다양하게 사용하여 나무랄데가 없지만 작품의 크기를 조금 고려해봐야 하지 않을까 싶다.

▶ 전체적으로 탄탄한 느낌을 주는 모형작품이다. 심플함도 좋지만 이 모형의 경우 작품의 수가 모자른다는 느낌이 강하게 든다.

▶ 현대적인 건축물과 다양한 형태의 조경이 보는 사람에게 하여금 주목을 끈다. 하지만 가장 중요한 작품에 집중이 되지않는다는 마이너스적인 요소를 가지고 있다. 모형을 만들 때는, 어떤 것이 주요 포인트가 되는가를 확실하게 알려주어야 한다.

3 환경조각과 모형 제작

모형들은 도면작성 과정에서 하나의 단계를 구성하면서, 아직 수정 혹은 변경의 여지가 있는 작품의 초기 디자인에 활력을 불어넣어 준다.

하지만 모든 모형들이 도시 혹은 조경 환경 속에 통합되어 존재하지만은 않는다. 즉, 주변환경을 고려하여 만들기 시작한 모형들도 있지만, 작품 그 자체만을 생각하고 만들어진 작품들이 더욱 많다는 것이다. 그런 경우에 모형의 스케일과 크기는 원하는대로, 정확한 효과를 주도록 선택되어야 한다. 이 장에서는 환경을 미리 고려하고 계획된 모형과 작품 자체만을 위해 만들어진 모형들의 모습들을 담아 보았다.

1. 모형제작 순서

일반적으로 모형은 다양한 항목들을 표현하기 위해 솔리드한 3차원인 입체, 평평한 2차원인 면, 그리고 1차원의 곧은 막대 등을 기본적 요소로 사용하며, 이 요소들은 구조에 따라 상관관계를 이루면서 배열된다.

하지만 모형에 요구되는 조건은 각기 작업 단계마다 다르다. 사용되는 재료, 적용된 도구 그리고 심지어는 작업이 수행되는 장소에 이르기까지 매우 다양하다.

여기서는 실제 현장에서 가장 많이 사용되는 포맥스(굴곡이 없이 선을 이용한 모형작업에 많이 사용된다)와 점토와 석고(자유로운 형상을 제작할 때 많이 사용된다)를 이용한 제작 순서를 간단하게 설명하도록 한다.

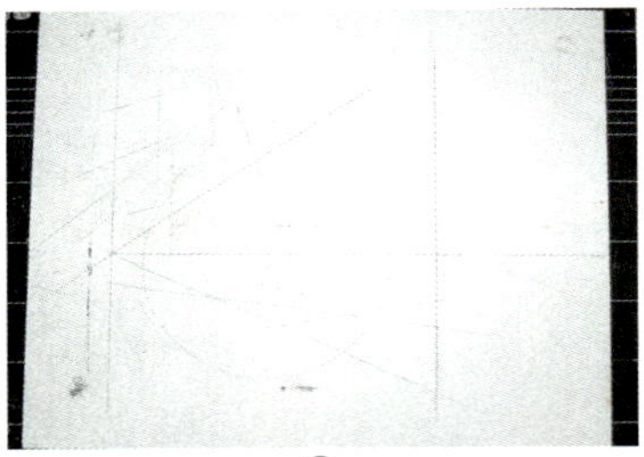
①

②

③

④

① 스케치를 이용하여 어떤 형태의 모형작품을 만들 것인가 그린다.

② 칼과 쇠자를 이용하여 절단한다. 포맥스의 두께에 따라 사용하는 도구를 선택하여야 다칠 염려를 줄일 수 있다.

③ 절단한 재료를 밑 그림 그린 곳에 맞추어 넣는다.

④ 완성된 모습. 처음 생각한 디자인과 흡사한 모습인가 확인해 본다.

TIP 쉽게 보이지만 처음 포맥스로 모형작업을 할 땐, 생각보다 수월하지 않을 수 있다.

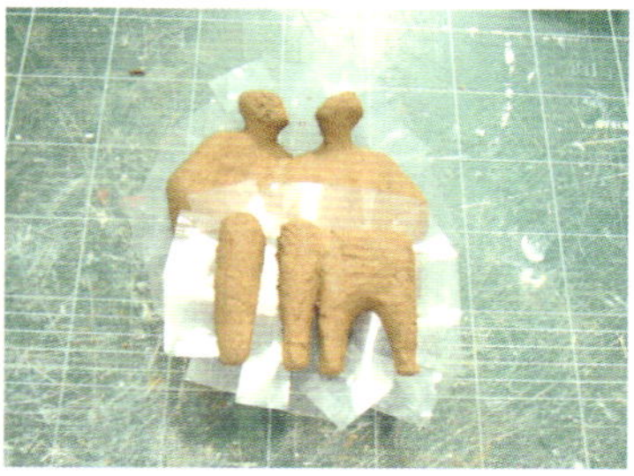

①

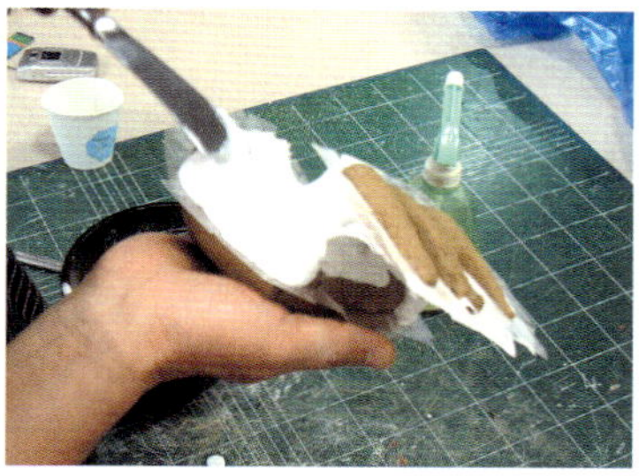

②

③

④

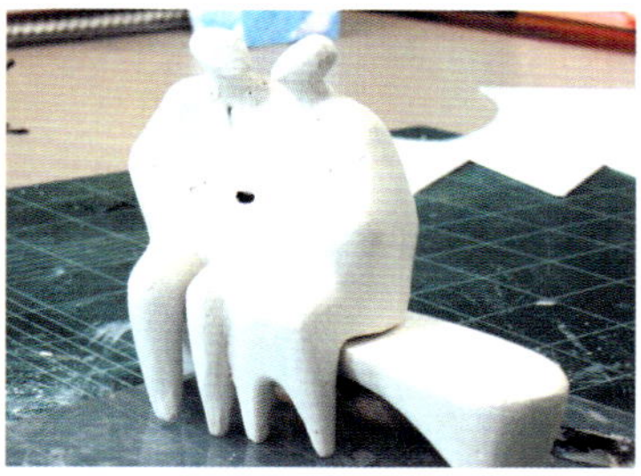

⑤

⑥

⑦

① 점토를 이용하여 원하고자 하는 작품 모형의 모습을 만든다.
② 석고로 그 위에 입힌다.
③ 석고가 굳으면 안에 있던 점토를 뜯어 내어 틀을 만든다.
④ 틀에 비눗물을 바르고 안에 석고를 부어 굳힌다.
⑤ 조심스럽게 석고 틀을 뜯어 낸다.
⑥ 기포가 생기거나 구멍이 뚫린 부분을 메우고 매끈해질 수 있도록 정리한다.
⑦ 완성된 모습. 그 위에 채색을 하거나 다른 부수적인 첨가를 해도 된다.

2. 환경조각 모형제작

TIP 이 환경조각 모형들은 환경을 미리 고려하고 계획된 모형과 작품 자체만을 위해 만들어진 다양한 재료의 실제 현장에서 사용된 모형들이다.

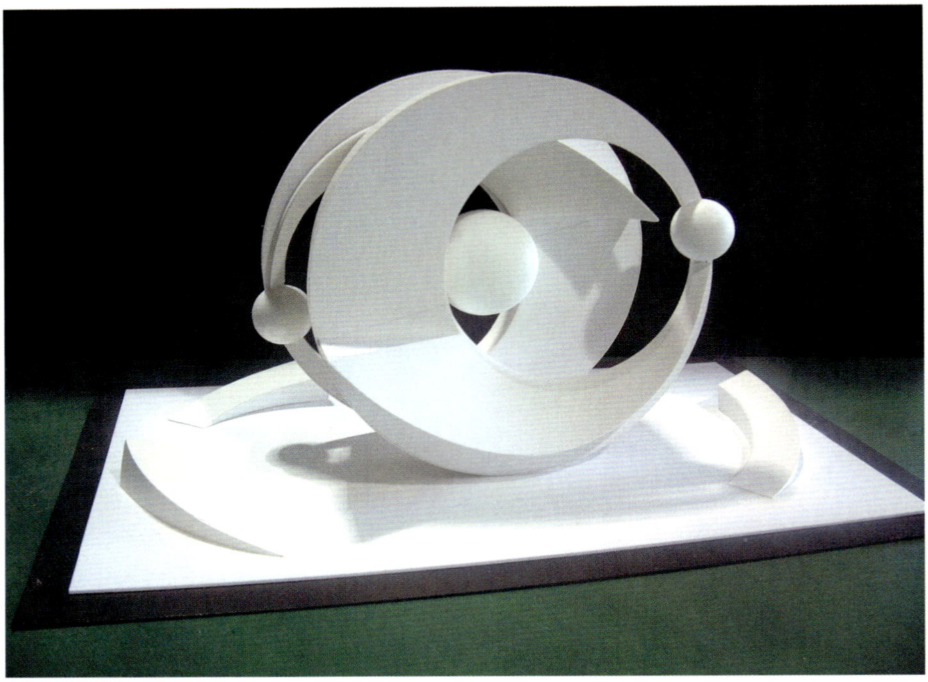

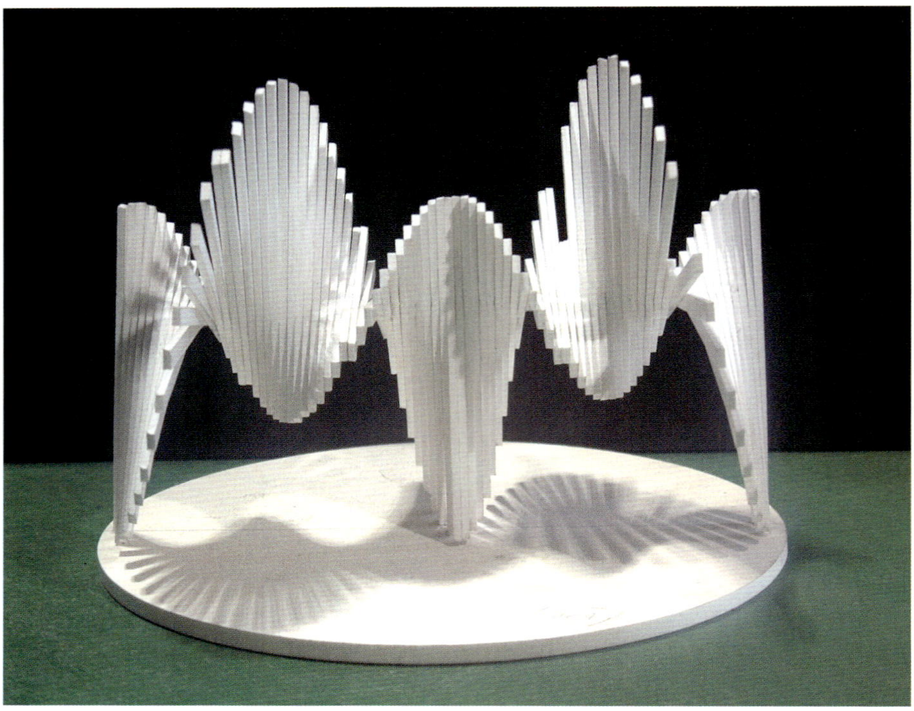

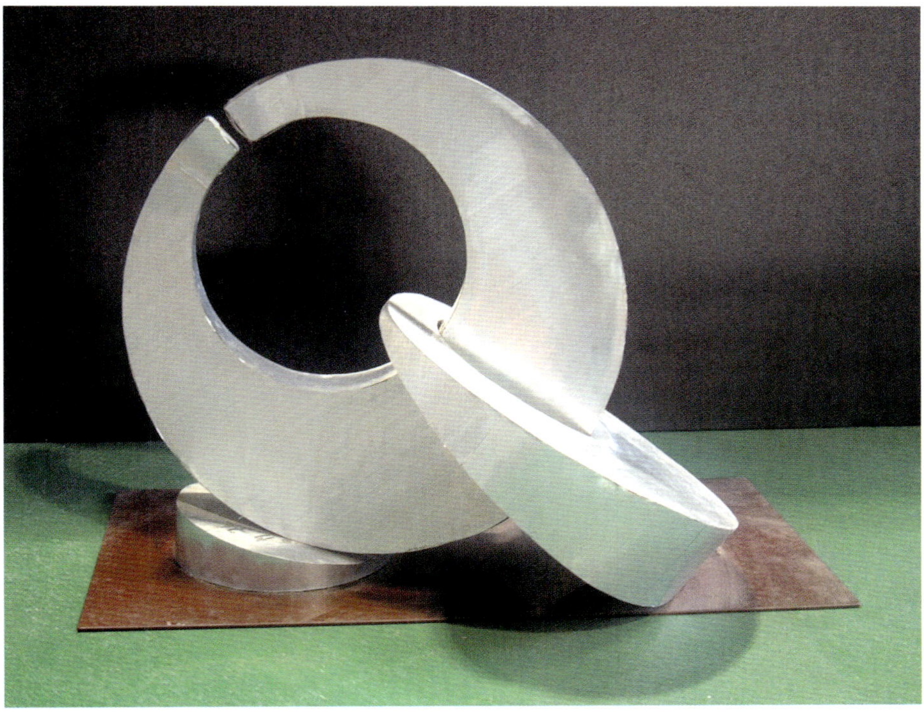

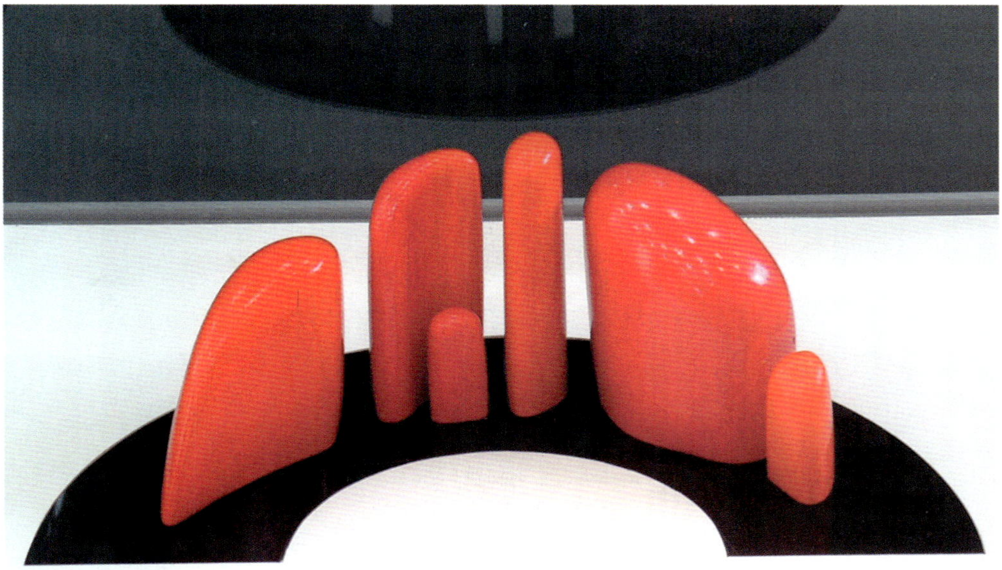

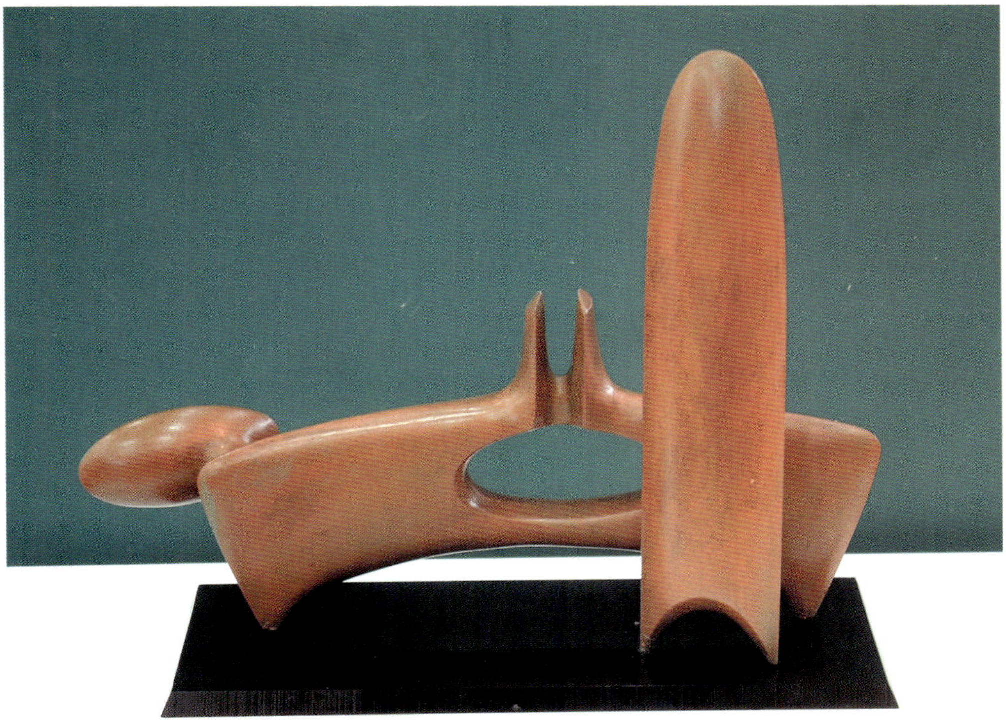

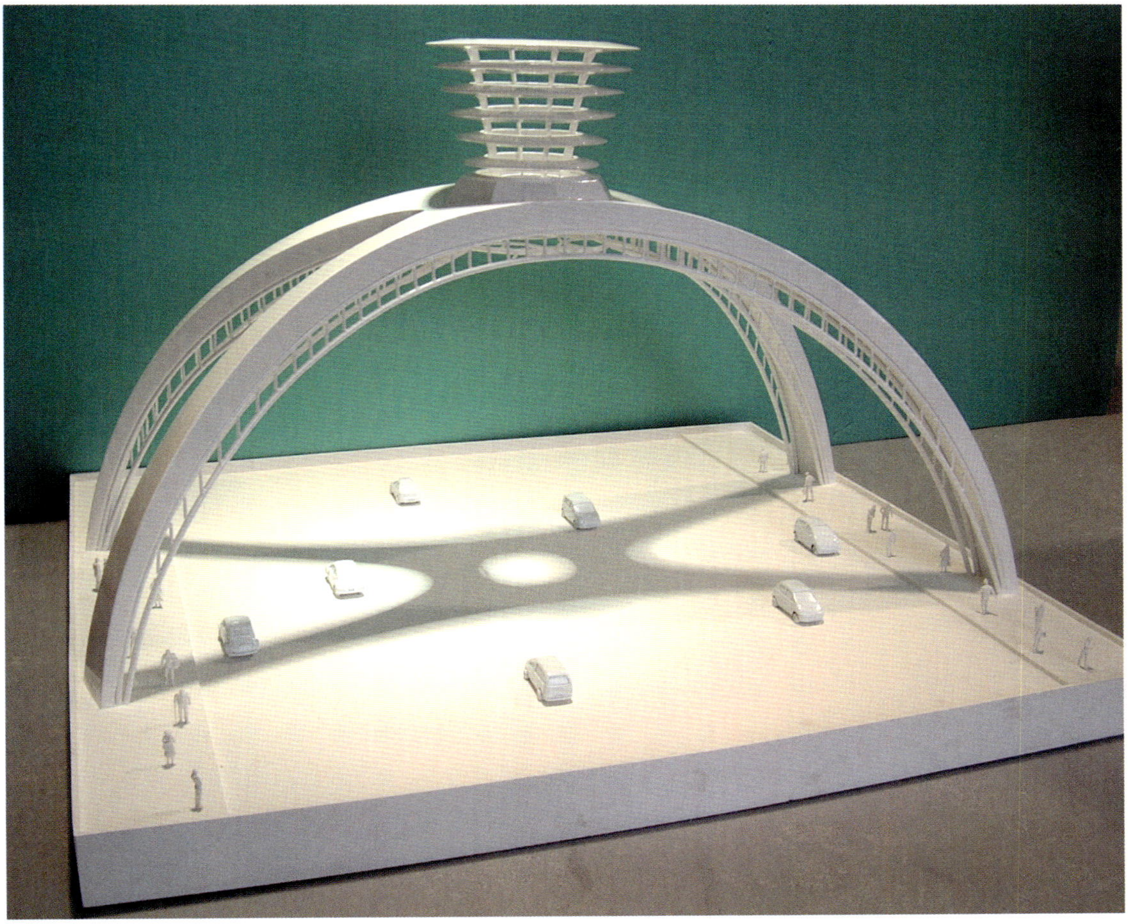

04 제 4 장

환경조각 상세 설치도면 및 현장설치

1. 상세 설치도면

2. 현장 설치

LVIN

1 상세설치 도면

상세설치 도면이란 평면, 입면, 단면 등 작품 설치시 그 방법을 세부적으로 표현한 도면이다. 작품의 특정 부위나 이질재료의 만남, 용접개소, 방향변환 부분의 구조적 설명 등을 하는데 필요하다. 작품마다 형태나 특성이 틀리고, 또 작품이 설치될 곳의 상황이 모두 다르므로 이를 총체적으로 고려해서 정확하고 신중하게 표현하여야 한다. 한 마디로 상세 설치도면은 작품 설치시 필요한 단면도와 재료공법 등 보이지 않는 부분까지 하나의 제품으로서 상세한 표현을 요하는 구조도라 할 수 있다.

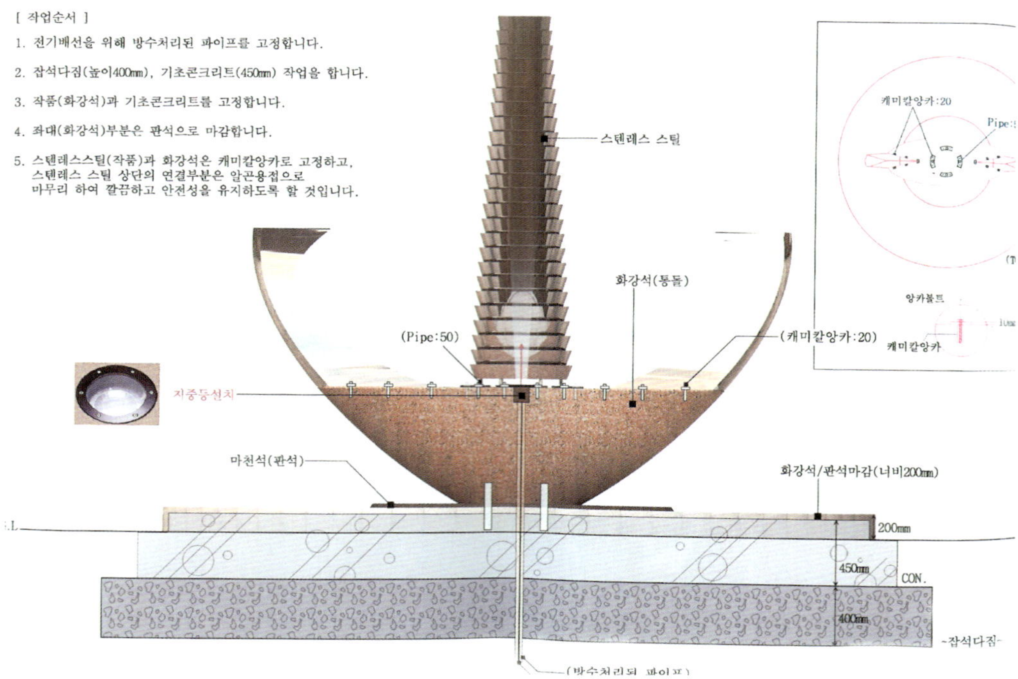

예제 1. 방수 처리된 파이프를 이용, 전기배선에 신경을 쓸 수 있도록 바닥기초까지 상세하게 설명하고 있다.

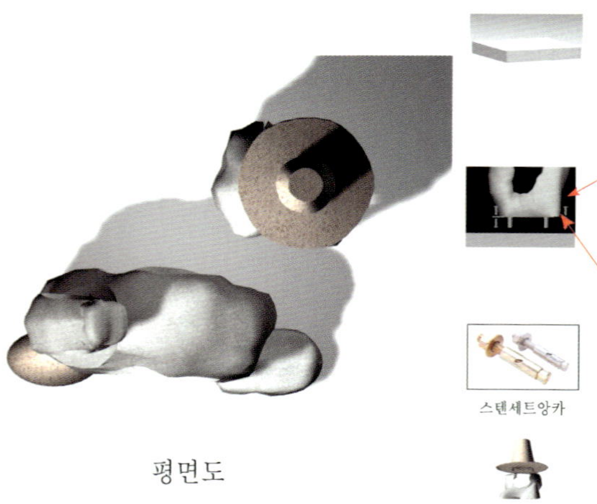

1. 기초공사로 1m의 사각의 시멘기초를 친다. (높이 1m는 동결점을 고려함이다.)

2. 스텐편철을 조형물하단과 세트앙카로 고정한다.

3. 작품하단 중앙(지면과 맞닿는곳)에 심을 박아 시멘에 구멍을 뚫어 고정후, 스텐편철을 지면에 앙카로 고정한다.

4. 다른 구조물의 설치도 상기의 방법으로 한후에 바닥을 보도 블럭으로 마감한다.

5. 모자 부분도 심을 박아 하단과 접합하고 하중과 조형성을 고려하여 모자의 아래부분을 파서 속을 비어 있게 만든다.

예제 2. 조형물 하단이나 작품 사이에 접합을 어떻게 고정하는지 설명하고 있다.

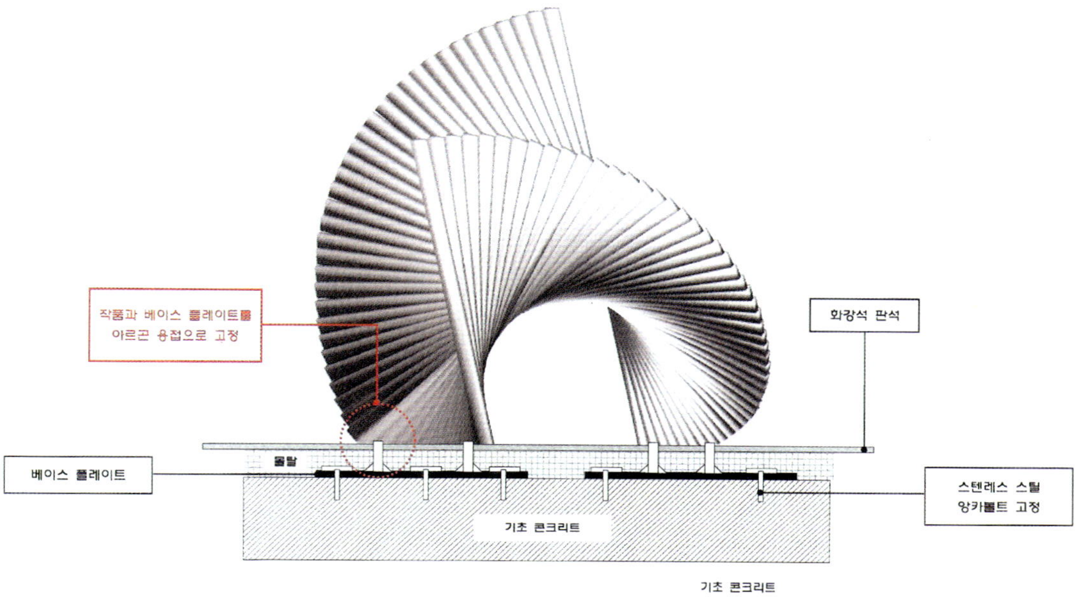

예제 3. 돌 좌대와 스테인레스의 접합은 물론 하중을 고려하여 앙카벨트는 설치는 어떻게 이루어질 것인가를 설명하고 있다.

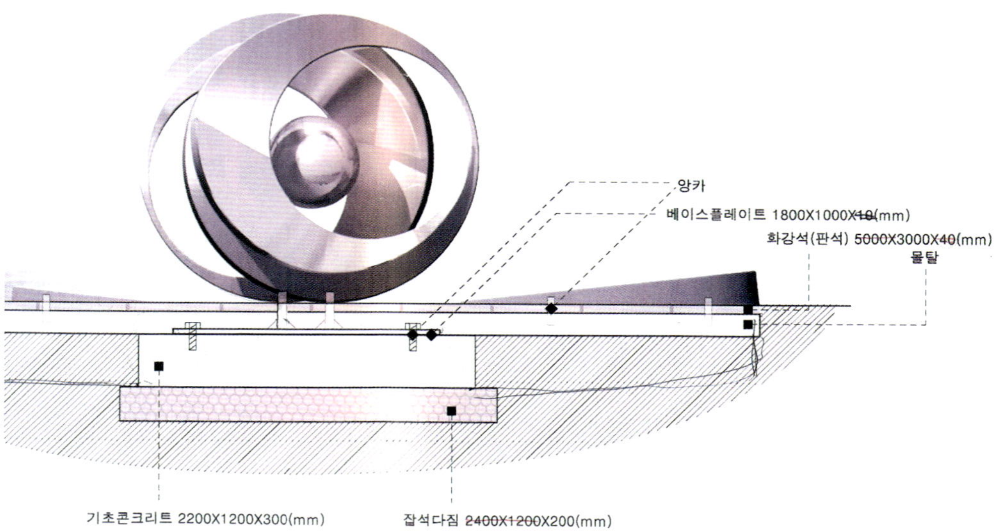

예제 4. 작품의 하중을 고려하여 기초는 어떤 식으로 해야하는지 설명하고 있다.

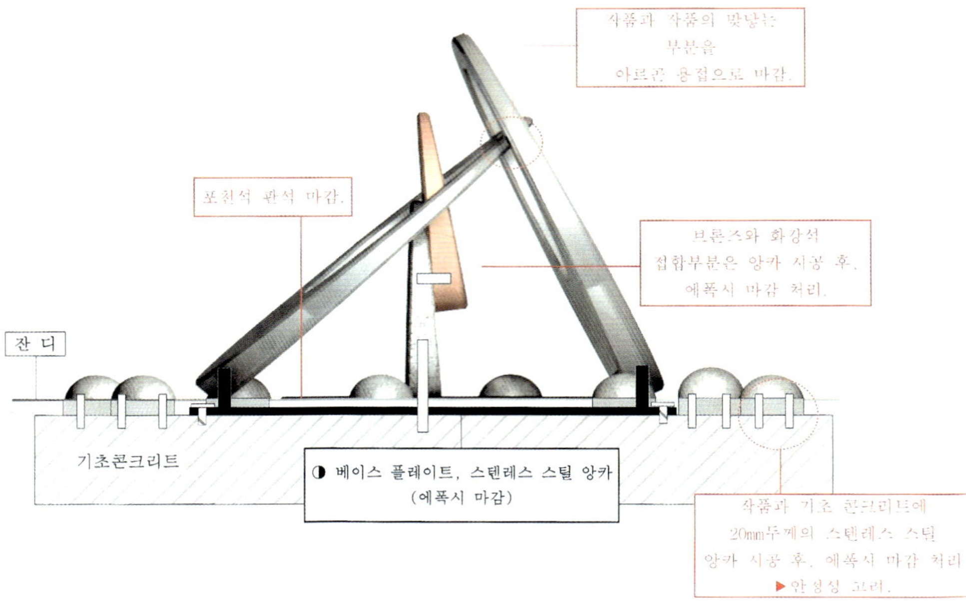

예제 5. 작품의 기울기를 고려하여, 용접부분과 안전성을 고려한 바닥기초가 설명되어 있다.

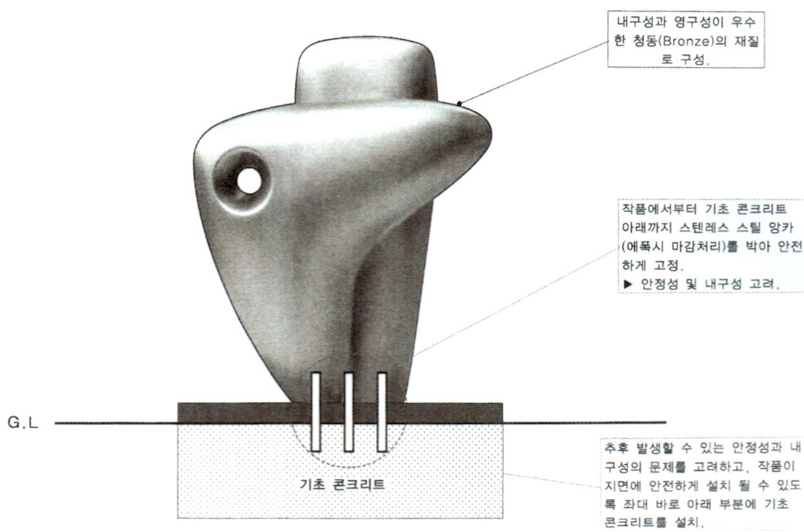

예제 6. 추후 발생할 수 있는 안전성을 고려하여 바닥기초 콘크리트에 두께감을 주었다.

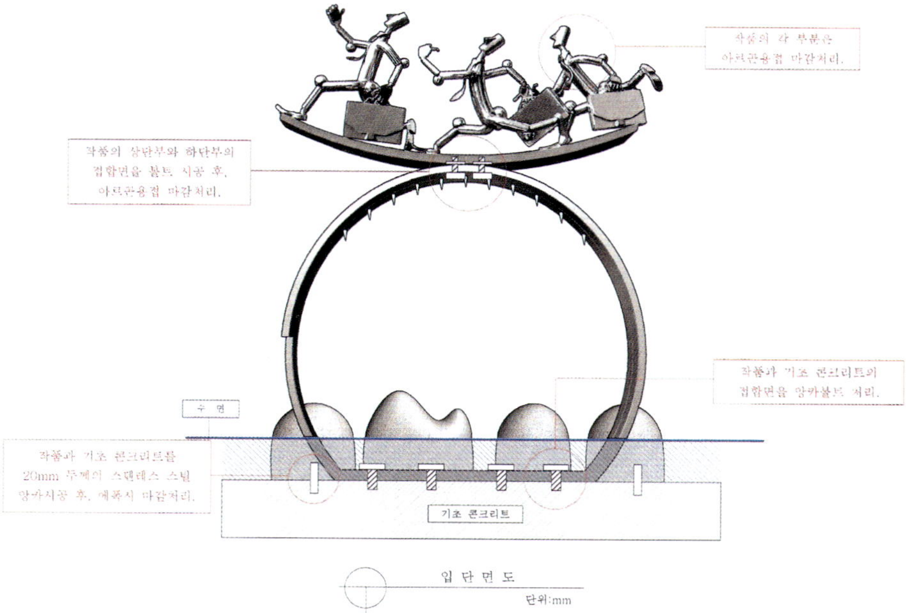

예제 7. 물 위에 세워질 작품 사이의 접합면과 기초바닥을 고려한 설치도면이다.

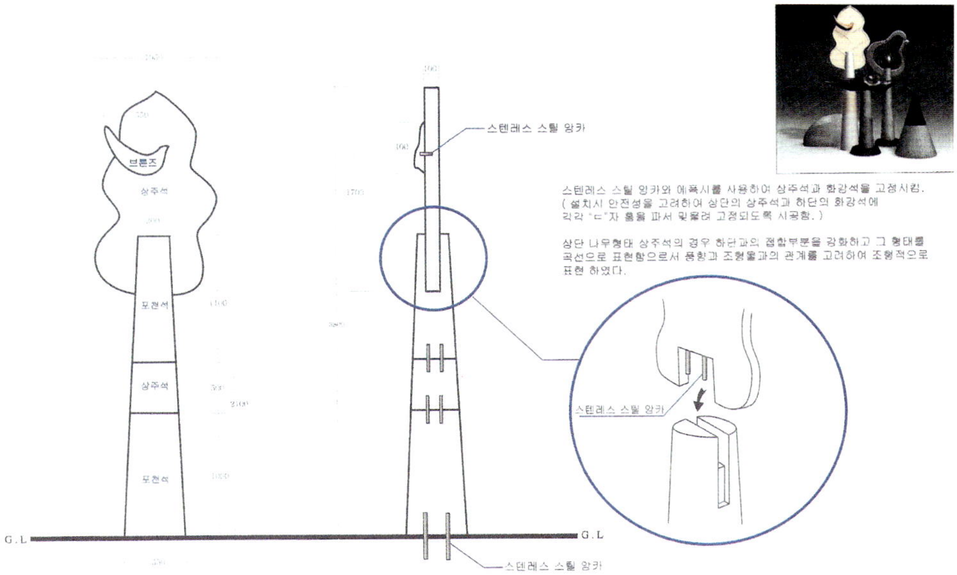

예제 8. 다양한 돌의 접합부분을 어떤 식으로 연결할 것인가 상세설명하고 있다.

2 현장 설치

상세 설치도면이 있다고 하더라도 실제 현장에서 작품을 설치하다보면 다양한 상황의 어려움이 난재되어 있음을 알게 된다. 특히 재료가 다른 경우 접합부분을 어떻게 해나갈지, 작품의 무게에 따라 어떤 장비들이 동원되어야 하는지, 작품 크기가 한 번에 운반이 가능한지까지 아무런 사고없이 무사히 작품을 설치하기 위해선 미리 구체적인 계획을 가지고 있어야 한다.

①

②

③

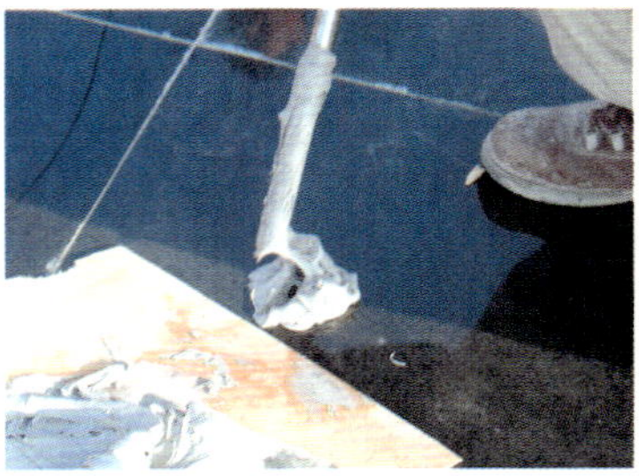

④

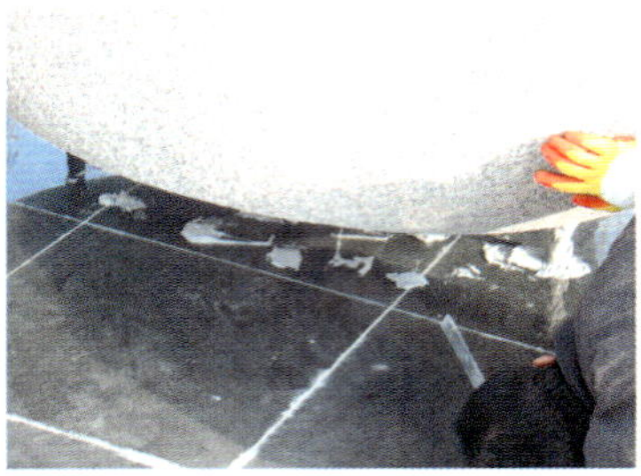

⑤

⑥

⑦

▸ 밑이 좁은 석재로 만든 작품을 스텐 앙카로 고정하며 돌과 스테인레스의 접합시 캐미칼 앙카로 고정하여 완성시켜야 한다.

⑧

①

②

③

④

⑤

⑥

▸ 석재로 된 작품은 하중을 고려, 무엇보다도 기초(콘크리트)에 중점을 두어야 한다. 또한 작품을 들어 옮길 때 상당한 무게가 나가므로 무게 중심을 고려해야 한다.

①

②

③

④

⑤

⑥

⑦

▸ 청동과 돌은 스테인레스 스틸보다 강도가 약하므로 설치시 파손되지 않도록 유의하며, 중간 이음새 부분에 물이 스며들지 않게 마감처리 하여야 한다.

05 제 5 장

그 밖의 환경조각 환경 이해하기

1. 채 색
   1. 도심 속 채색
   2. 자연 속 채색
2. 조 명

1 채 색

"색채가 풍요해졌을 때 형태는 완전하게 된다"
Paul Cezanne의 말대로, 환경조각의 채색은 작품이 완성된 후 어쩔 수 없는 장식이 아니다. 착색작업이야말로 가장 주체적이고 개성적인 자기표현의 강렬한 수단이다. 더욱이 환경조각은 작품이 실존할 적절한 장소를 선택하여야 하는데 이는 주위 환경과 작품의 형태 및 색채의 유기적인 통합의 질에 의해 결정되며, 그래야만 작품의 생기있는 호흡과 더불어 새로운 환경창조의 종합적인 미의 추구라는 현대인의 욕망을 만족실 수 있게 된다.
이곳에서는 외국에 설치된 환경조각을 통해 도심과 자연이라는 장소 속 채색을 다루고자 한다.

1. 도심 속 채색

우리나라는 봄의 신록, 여름의 녹음, 가을의 단풍, 겨울의 설경 등 4계절에 따라 다채롭게 변화하는 다양한 색채환경이 주어지는 데 반해 도심 속 인공환경에서는 색채계획에 그 특성이 없다. 그러므로 우리는 자연이나 인공에 의한 빛의 조절과 색채효과에 기능을 적합하게 조화하여 환경의 생명력과 내재적인 힘을 표현할 수 있는 자신만의 색채 선별 능력을 길러야 한다.

Isamu Noguchi - Red Cube

1) 고채도의 색의 활용

▶ 빨간 원색의 단순한 정사각면이 어디서나 모서리를 보이게 함으로서 강한 시각적 자극을 주고 있다. 단순화된 형태지만 무채색 계열의 공간에 강한 유채색을 놓으므로서 공간에 활력을 유발하고 새로운 심미적 공간을 창출해 내고 있다.

▶ 고가도로나 바닥이 회색인데 반해 강한 여섯 개의 고채색을 이용하여 통쾌한 속도감까지 안겨 주고 있다. 여섯 가지 찬란한 원색의 강한 대비효과에서 오는 복합된 보색으로서 강하고 화려한 특성을 가지게 되며, 무채색에 의한 단점까지 제거한 배색효과가 조형공간을 충만하게 하고 있다.

Lodd Hamrol - Up Town Rocker

John Henry - Chief

▶ 건물 앞 광장에 세워진 이 작품은 노란색의 고채도의 색을 사용하여 시인도를 한껏 높였다. 도심에서 가장 눈에 띄는 노란색을 사용함으로서 이질감을 줄 수 있다는 선입견을 떨치고, 시각적 호소력이 있는 의미가 강한 환경공간으로 전이되고 있다.

Herbert Bayer - Double Ascension

▶ 양쪽 건물의 창과 기둥에 투영되어 빨간 원색의 나선형 반복형태에서 오는 경쾌함과 방향에 따라서 변화되는 공간이 형성된다. 건물의 내부에서는 강한 자극의 경쾌한 형태를 초점으로 하여 전개되어 시가지가 환상적 이미지의 조소공간으로 시현되어 보인다. 또한 태양광선에 따른 음영효과에 의해서 명도와 채도가 변화되므로 하루종일 효과가 다르게 나타날 수 있다.

Mathias Goeritz - The Square of the Five Towers

▶ 도로 가운데 세워진 이 작품은 여러 개의 고채색과 무채색을 이용하여 운전하는 사람들의 시인도를 높인 작품이다. 삭막한 도로에 녹지와 함께 세워짐으로서 색의 대비 효과가 더욱 높아진다. 밤에는 조명을 이용하여 전혀 다른 색을 나타내며 자동차의 라이트와 함께 묘한 어울림을 이뤄 내고 있다.

▶ 간결한 작품 형태로 푸른 계열의 색을 이용하여 명시도를 높이고 있다. 아주 높은 고채색은 아니지만 흰색 건물과 초록색 조경과 대조된다. 하지만 채도를 적절하게 맞춤으로서 대조되면서도 주변 환경과 이질적인 느낌이 들지 않도록 조형화하였다. 빛의 각도에 따라 작품의 느낌 또한 조금씩 달라진다.

Tony Smith - She Who Must Be Obeyed

2) 색의 절제

Max Bill - Familie von funf halben Kugeln

▶ 건물 중앙에 세워진 구 형태의 이 작품들은 무채색을 이용하여 색을 절제했음에도 불구하고 작품의 존재를 더욱 부각시키고 있다. 구의 단면을 이용하여 빛의 각도에 따라 그림자의 위치와 명도가 달라져 늘 새로운 느낌을 가질 수 있도록 조형적으로 설계한 작품이다.

Jean Dubuffet - Four Trees

▶ 스테인레스 스틸의 기둥과 창과 벽으로 이루어진 배경 건물에 대비되는 백색 작품이기 때문에 명시도가 낮으며, 검은색의 선과 건축의 아래층 유리면의 명도가 낮다. 이렇게 색을 절제했지만 두 가지 대비되는 색을 절적하게 이용하여 시인도가 유지되고 있다.

Pablo Picasso - Untitled

▸ 흑갈색의 건물 앞에 흑갈색의 대형 철판 작품이 설치됨으로써 주변 상황에 묻힐 수 있을 정도로 색을 절제했다. 하지만 전후, 좌우, 상하 어느 곳에서 봐도 강력한 호소력을 가지고 있어 도심의 조형적인 면에서는 충만한 느낌을 준다.

▸ 백색으로 되어 있는 본 작품은 출입구 공간을 배경으로 할 때에는 명시도가 높아지고 천정의 구조나 바닥과 벽 그리고 창과의 관계에서 상호의 형태가 조화되고 있다. 숲에 의하여 명도 대비가 이루어져 색을 절제했음에도 불구하고 명시도가 높은 작품으로 탄생되었다.

James Rosati - Untitled

Louise Nevelson - Shadows and Flage

▸ 건물 앞에 있는 흑색의 작품으로서 규모가 크기 때문에 눈에 띄게 되고, 차도나 하늘을 배경으로 할 때는 시인도가 높게 나타난다. 흑색 무광택의 소박한 판재로 구성되어 있으나 햇빛의 방향에 따른 음영효과로 양감이나 중량감이 표현되고 있다.

▸ 광장 가운데 세워진 이 작품은 로봇 모양의 벽돌로 만들어진 분수다. 작품의 재미있는 형태와 물 때문에 아이들의 놀이터가 되는 이 작품은 중간 중간 색을 이용했지만 최대한 색을 절제함으로써 주변과 조화를 이루면서도 제 역할을 충실히 내해고 있다.

Klaus Schultze - Fontaine Pataugeoire

2. 자연 속 채색

환경조각 작품이 자연경관 속에 세워지는 경우, 건물이 많은 도심보다 더욱 조화를 배려해야 한다. 도심에서라면 의도적으로 주위보다 두드러지는 화려한 색채를 사용했다 하더라도 작품으로서 허용될 수 있다. 그러나 자연 경관에서의 색채의 부조화는 고도 자연 경관을 해치는 요소로 작용해서 작품 자체의 부정적인 이미지로 연결될 수 있다. 물론 자연과의 대비조화를 의도적으로 생각했을 경우에는 예외가 될 수 있다.

1) 유사조화

Constantin Brancusi – The Table of Silence

▶ 루마니아 공원에 자리잡은 이 작품의 특징은 자연과 어울리는 재료인 돌을 이용하여 의자와 탁자 모양의 형태를 만들어 냈다. 이런 자연스런 형태 덕분인지 주변과 조화를 이루면서도 시인도를 높여 관람객이 함께 참여하는 공간으로 탄생되었다.

Andre Ramseyer – Constellation

▶ 브론즈의 오래된 색감을 이용하여 자연과 유사조화를 이루고 있는 작품이다. 브론즈의 갈색과 초록색은 자연스러운 세월의 흔적이 푸른 잔디와 함께 호흡하게 만들고 있으며, 빛의 방향에 따라 달라지는 작품의 양감이 편안하면서도 힘찬 율동감을 자아내고 있다.

Andy Goldsworthy – Sweet chestnut

▶ 자연과 하나가 되는 대지미술을 지향하는 작가의 성향이 그대로 드러나 있다. 나뭇잎을 이용하여 조형적인 형태를 만들어 시인도를 높였으나, 자연의 소재 덕에 어느 작품보다 훌륭한 유사 조화를 이루고 있다.

Eduardo Chillida – Wind Combs

▶ 바닷가 자연석에 세워진 고리모양 형태를 한 이 작품은 작품과 묘한 조화를 이루며 멋스러운 장관을 연출해 내고 있다. 바닷물로 인해 부식된 철과 이끼가 낀 자연석의 조화는 푸른 바닷물과 하나가 되어 자연 그대로의 모습이 되었다. 어느 것이 작품인지 어느 것이 자연인지 모를 정도로 유사조화를 이룬 작품이다.

Group Q - Andromeda

▸ 공원의 넓은 잔디밭에 자리를 잡고 있는 본 작품의 특징은 자연과 어울리는 돌을 이용하여 작품으로 완성했다는 것. 자연석을 그대로 사용하여 작품으로서도 충분히 시인도를 높이면서 주변환경과 유사조화를 이루는 작품으로 탄생되었다.

Francois Stahly - Labyrinth

▸ 흑색의 나무를 이용하여 형태를 잡은 이 작품은 수목의 환경에서 흑색은 자제해야 한다는 고정관념을 깨고 낮은 수목과 하늘을 배경으로 10m이상 높이 세워졌다. 자연스러운 나무결이 빛의 방향과 각도에 따라 다양한 형태를 이루어내고 있다.

2) 대비조화

Andy Goldsworthy – Japanese Maple

▸ 자연 속에서 사용되는 색감 중 붉은 색은 가장 눈에 띄는 고채색이다. 돌과 자갈, 그리고 조그만 물웅덩이에 놓여진 빨간 나뭇잎은 색의 대비를 이루며 시인도를 최고조에 이르게 해준다. 하지만 이런 대비가 어색하지 않은 것은 자연 속에서 탄생한 붉은 색을 작품으로 그대로 사용했기 때문이다.

▸ 잔디 언덕 위에 세워진 강력한 붉은색 원형들이 자연과 묘한 대비조화를 이루어 강한 시각효과를 나타내고 있다. 이런 붉은 색은 환경에 적극적으로 참여하여 심미적 연출에 지속적인 작용을 하게 되어 지루할 수 있는 초록 잔디에 공간적 침투와 확산을 하여 복합 투시공간을 이루고 있다.

Alexander Liberman

2 조명

빛은 형태에 대항하기보다는 하나의 조형적 리듬 속에서 형태를 흡수하고 또한 형태는 공간을 점유함으로서, 창의적 환경을 구성하는데 필수적인 기준 요소가 된다.
조각에 있어서 광원의 위치나 방향은 매우 중요하며, 빛이 공간에 주는 효과는 빛이 비치는 방향에 의해 다양하게 비춰진다. 요즘에는 낮의 광원과 마찬가지로, 아니 그 이상으로 밤에도 다양한 빛을 이용하여 창의적 환경을 만들어 내고 있다. 밤에는 광원을 낮게 두고 부분적으로 조명하여 벽을 밝게 하는 등 배경공간을 강조하는 간접 조명의 방법으로 공간감을 강조한다. 뿐만 아니라 다양한 색채의 조명을 이용하여 작품을 더욱 돋보이게 하는 방법들이 더욱 다각화되고 있다.
이처럼 조명을 이용, 공간적 특성에 맞추어 시각적 효과를 구사할 줄 아는 것도 환경조각에 있어서 아주 중요한 부분이다.
이 장에서는 조명에 대한 아주 기본적인 기초 상식만을 맛보기로 한다. 조명은 매 작품에 따라, 작가의 성향에 따라 달려지기에 하나의 예로 그 모든 것을 짐작케 할 수 없기 때문이다. 자신의 작품과 조형적으로 하나가 될 수 있는 빛이나 조명은 스스로 만들고 발굴해 내야 한다.

1. 마케팅화 되는 작품 속 조명의 실체

'90년대 환경조각만 해도 조명을 이용한 예는 극히 드물었다. 조명 자체를 이용한 작품이 아니라면 대부분 작품과 광원만으로 느낌을 표현할 뿐이었다. 하지만 2000년대에 들어오면서 조명을 이용한 작품들이 기하급수적으로 늘어났고, 이제 대부분의 환경조각에서 조명은 기본적으로 설치해야 하는 사항으로 자리잡았다.

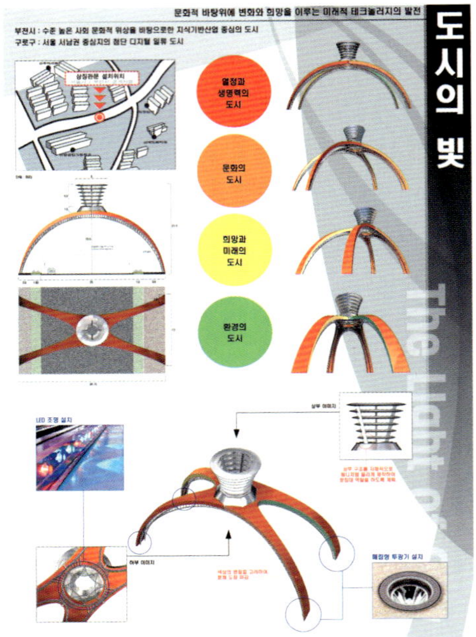

이정주 – 도시의 빛 계획도

조명이 현대로 들어오면서 각광을 받는 이유는 보는 관람객으로 하여금 시각적 마케팅 효과까지 가져다주기 때문이다. 도시의 야간 조명이 발전되면서 조각작품에도 그 영향력을 끼친 것이다. 야경을 위한 '도시 빛환경 계획'이 발표되면서 시민들에게 호응을 얻자 곳곳에서 빛의 도시를 건설하는 붐이 일어났고, 새로 만들어지는 교량이나 건물, 심지어 길거리 조명까지 다채로운 조명을 선호하기에 이르렀다. 그 흐름에 발맞추어 주변 환경을 고려해야 하는 환경조각 또한 밤의 랜드마크를 찍고자 작품을 돋보이게 할 수 있는 다양한 조명을 사용하게 되었다.

2. 작품의 극대화를 위한 조명의 사용

요즘은 대부분의 작품에서 조명을 라이트업 시키는 것이 추세다. 라이트업의 수법은 작품의 외부를 투광기로 비추는 방법이 기본이다. 광택이 없고 표면에 굴곡이 있는 벽면에는 예각으로 빛을 조사하면 강한 인상의 효과를 만들 수 있다. 한편 유리를 많이 써서 개구부를 크게 한 조각 등은 내부의 조명광을 외부로 확산시키는 방법이나, 대상물 외부에 조명 기구를 설치하여 그 자체의 빛을 보여주는 방법 등 종래의 라이트업의 틀에 얽매이지 않는 다양한 수법들이 작품 야간 경관 형성의 일익을 담당하고 있다.

모든 수법에서 공통적으로 주의해야 할 점은 주변 환경의 밝기, 조형물의 형상 및 표면의 재질, 조명 수법 및 시점, 조명기구, 작품의 위치관계, 광원의 효율과 수명, 색온도, 연색성까지 고려해야 한다. 또한 조명 계획에 있어서는 대상면 조도의 결정(주위의 밝기 및 재질에 따라 설정치가 달라진

이정주 - 빛의 화합

다), 조명 수법의 결정, 광원의 선정 후에 계산에 의한 조명등의 개수를 결정해야 한다. 그 후 반드시 현장 실험에 의해 조명 효과를 확인해 두어야 한다. 그리고 조명 기구의 배치에 관해서는 특히 주관의 경관을 해치지 않을 것, 글레어를 발생시키지 않을 것, 보수가 가능할 것 등의 조건을 작품에 따라 고려해야 한다.

이렇듯 작품과 조명과의 관계를 극대점으로 올리기 위해서는 많은 실험과 조명의 종류를 미리 파악하고 있어야 한다. 특히 자신이 작품을 통해 표현하고자 하는 방법은 조각가들마다 모두 다르므로 자신의 작품을 극대화 시킬 수 있는 자신만의 조명을 만들 수 있도록 꾸준히 연구해야 한다.

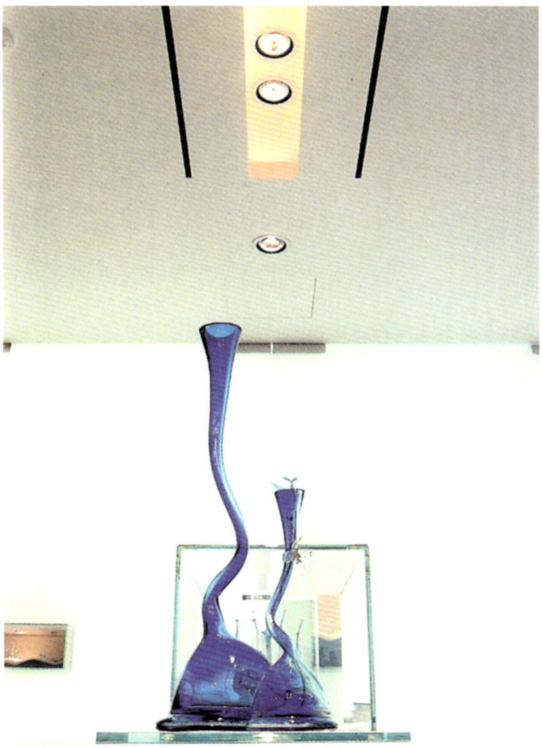

디 아모레 갤러리

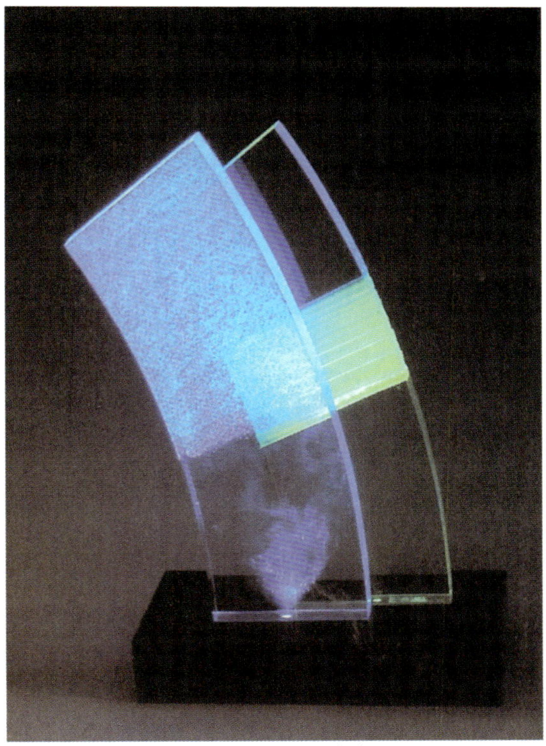

김대성 - IMAGE 1(꿈)

TIP 전등 종류

① **백열전구** : 온도복사에 의한 발광을 이용한 광원

- **구조** : 유리구 – 소다석회유리, 베이스 – 황동이나 내식성 AL, 앵커(지지선) – 몰리브덴, 도입선 – 봉합부는 듀우밋선 내외부도입선은 구리나 니켈, 필라멘트 – 텅스텐, 봉입gas – 질소 알곤, 게터 – 필라멘트 산화방지를 위해 사용 소형전구는 적린 대형전구는 질화바륨.
- **전압특성** : 백열전구는 전압이 변화하면 온도가 변화하고 저항이 변화하여 전류, 전력, 효율, 수명등이 변화하며 이들 사이의 관계를 전압특성이라 한다.

② **수은등** : 유리구내에 봉입한 수은증기중의 방전을 이용한 것으로 수은증기압에 따라 저압,고압,초고압 수은등으로 분류한다.

③ **형광등** : 저압수은등의 일종으로 수은의 공명선인 2,537A을 방전관 내벽에 칠한 형광체를 자극시켜 가시부에서 형광을 발산하도록 한 방전등으로 전극은 냉음극과 열음극으로 나누어지며 열음극 형광방전관은 기동형에 따라 예열기동형,속시기동형, 순시기동형으로 나누어진다.

④ **메탈헬라이트등** : 고압수은램프와 같은 구조로 발광관내에 금속할로겐 화합물을 봉입한 것으로 금속원자에 의한 발광을 이용하여 효율이 개선되고 연색성이 좋아진다.

⑤ **나트륨등** : 효율은 좋으나 연색성이 좋지 않아 고압은 옥외조명, 공장, 체육관 등에 사용하며 저압은 연색성이 문제되지 않는 도로, 터널 등에 한해서 사용된다.

⑥ **크세논등** : 크세논 가스중의 방전을 이용하며 아크형상에 따라 단아크 램프와 장아크 램프가 있으며, 분광분호는 자연주광에 가깝고 색온도 6000K로 거의 일정하다.

⑦ **EL등** : 유리면에 투명한 도전성의 피막을 입히고, 그위에 형광체를 100정도로 얇게 바르고 그위에 금속피막을 증착시켜 만든 면광원으로 투명전극과 금속전극사이에 교류전압을 가하면 형광체에 강한 교번 자계가 가해져 형광체가 발광하는 고체등이다.

⑧ **네온관등** : 가늘고 긴 유리관의 양단에 전극을 설치하고 수[mmHg]의 불활성가스나 수은증기를 봉입한 냉음극 방전등으로 양광주 부분의 발광을 이용한다.

3. 음영에 의한 심리적 효과

3차원의 공간이 존재하는 한 그림자는 따라 다닌다. 그것은 입체감과 깊이, 시간 등을 표현하고 때로는 효과적인 장식이 될 수 있다. 오랫동안 인류는 자연광이 만드는 그림자에 가장 잘 적응해왔다. 따라서 자연광에서는 얻기 힘들고 인공 광원만이 가능한 아래에서부터 올라가는 빛과 그림자는 비일상적이고 이상하지만 연출에 따라 작품도 참신한 그림모양이 될 수 있다.

조명 공간은 주로 기능적 가치와 미적가치를 높이는 경우로 구분된다. 전자는 안전과 작품을 밤에도 식별할 수 있는 공간으로, 시(視)대상을 가능한 빠르고 정확히 보여주기 위해 필요한 최소한의 음영표현과 보다 밝고 균질의 조명이 요구된다.

하지만 요즘 작품과 함께 설치되는 조명이 대부분 그러하듯이 미적 가치를 요하는 공간에서의 균

질 조명은 시각적으로 지루하다. 이에 단시간에 감정 반응을 높이려면 명암 대비가 강한 다이내믹 하이라이트와 움직이는 빛, 컬러 라이트 등 특별한 빛을 이용, 작품과 함께 보는 사람의 마음에 감동을 줄 수 있도록 바뀌어 가고 있다.

그렇다면 동일 공간이라도 조명 효과에 따라, 사람의 감정 반응이 어떻게 변할까 알고 싶은 부분이다. 그래서 여러가지 조명 연출이 가능한 공간에서 실험을 해보았다. 48명의 피험자를 두 반으로 나눠 여섯 개의 조명에 대해 어떻게 느꼈는가를 5단계 평가로 기입하게 했다. 실험은 A클라스가 신(scene)1에서 6의 순으로 B클래스는 그 반대로 하고 신 (scene)을 방안 (A클라스)과 바깥쪽(B클라스)에서 보게 했다. 앙케이트 집계 결과 하나 하나에서는 평균치에서 벗어난 것도 있지만 단순히 평균화하면 두 반 모두 비슷한 경향을 얻을 수 있다. 더구나 이 앙케이트 내용은 조명 효과에 의한 시각 심리의 극히 일면을 나타낸 것에 지나지 않으니 공간과 규모, 작품의 컬러가 달라진다면 더욱 다양한 시각 심리 반응을 얻을 수 있으리라 생각되어 진다.

〈scene1〉 A (평균 80lx)의 조명기구

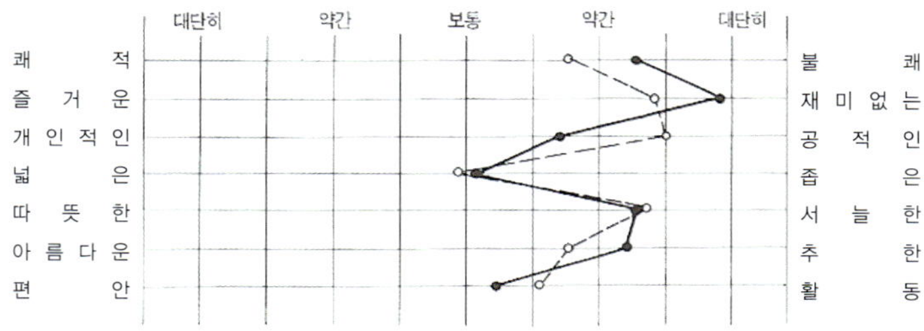

〈scene 2〉 B + C (50～100lx)의 조명기구

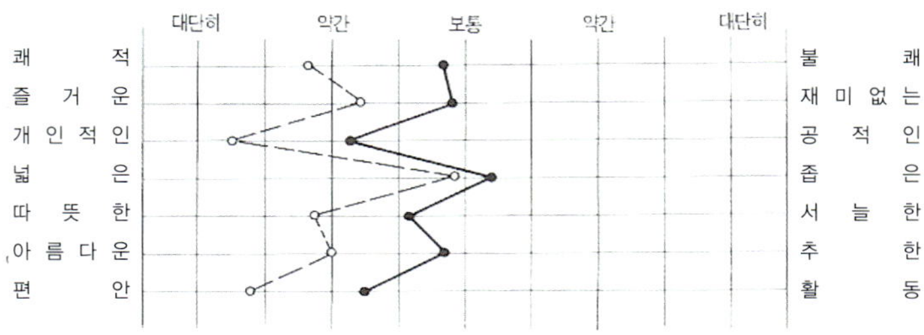

〈scene 3〉 A + B (50～120lx)의 조명기구

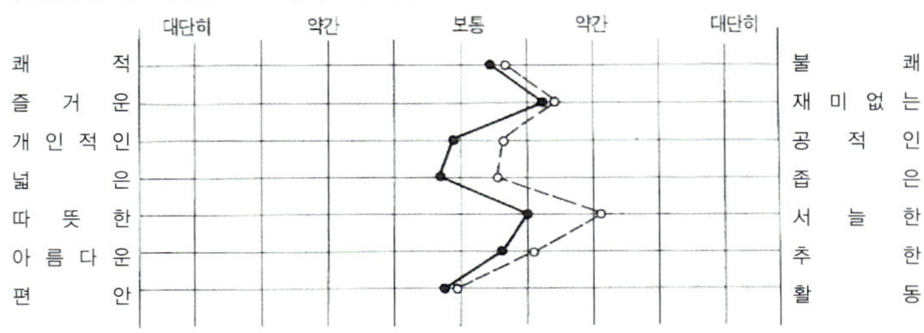

〈scene 4〉 G + H (50~150lx)의 조명기구

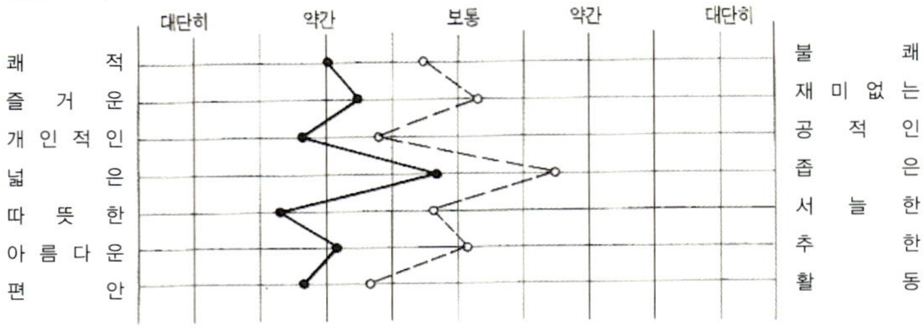

〈scene 5〉 D + C (20~500(벽 옆)lx)의 조명기구

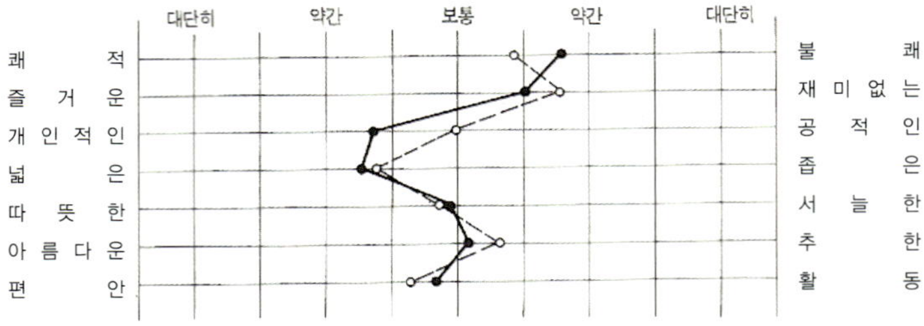

〈scene 6〉 E + F (20~3,000(테이블면 위)lx)의 조명기구

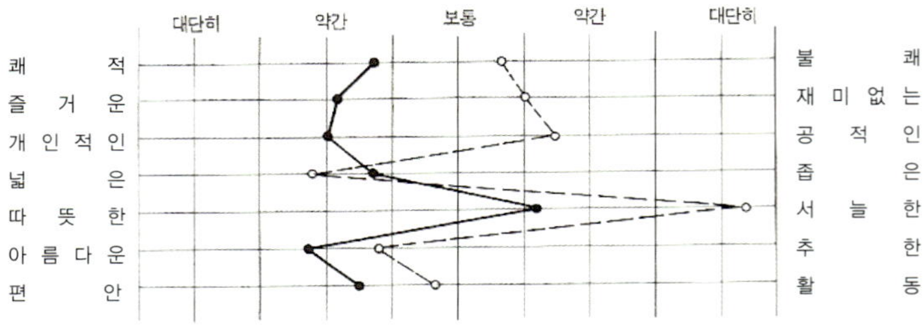

주) 표는 회답자의 5단계 평가를 등간격으로 상정하여 판정한 평균치이다.

A 클래스 •—— B클래스 ·······

조명기구
A 일반 백색 형광램프 코브 조명
B 유백 글로브 플로어 스탠드(백색도장 전구 100W)
C 토치(torch)형 플로어 스탠드(할로겐 전구 250W)
D 월-워셔(wall-washer)(백색도장 전구 100W)
E 어퍼(upper)간접조명(블루필터부착 형광등)
F 어저스터블(adjustable) 다운라이트(할로겐 전구 100W)
G 세미스페큘러 콘형 다운라이트(백색도장 전구 100W)
H 내로우(narrow) 배광 스포트라이트(할로겐 전구 150W)
scene 5, 6을 뺀 대략 조도는 바닥에서 80cm의 수평면

▶ 나카지마 다쯔오키, 지카다 레이코, 멘데 가우로, 〈조명디자인 입문〉 58-59P

참고문헌

신상섭, 이명우 공저(2000), 조경제도표현의 실제, 技文堂
윤희철 (1998), 건출 스케치 교본, 공간예술사
배정한 (2004), 현대 조경설계의 이론과 쟁점, 조경
최병상 (1990), 환경조각, 美術公論社

칩 설리번 저, 박경애 역 (1997), Drewing The Landscape, 도서출판국제
크리스티나 하베를리크 저, 안인희 역(2002), 클라시커 50 20세기 건축, 해냄
Wolfgang knoll & Martin Hechinger 저, 정진원&박헬렌(주현)&조철희 역 (2000), 技文堂
무라오 나리후미 & 와타나베 요시오, 김종영 역 (2003), 건축시대
나카지마 다쯔오키, 지카다 레이코, 멘데 가오루 저,박필제 역(1997), 조경 디자인 입문, 예경
일본건축학회 편저, 윤혜림 역(2005), 빛과 색의 환경 디자인, 성인당

Shoichiro Higuchi (1990), Public Art, 誠文堂新光社
Andy Goldsworthy (1987), A Collaboration with Natuure, ABRAMS
Jutta Feddersen (1993), Soft Sculpture and Beyond, G+B Art International Limited
Sculptures In Public Places (1983), Chuokoron-sha

그림참조

〈프리핸드 드로잉의 기초〉 - 윤희철 (1998), 건출 스케치 교본, 공간예술사 (9p-15p)

그림출처

〈외국의 환경조각 사례〉

〈Marta Pen _ Sculpture Flottante5〉 - Sculptures In Public Places (1983), Chuokoron-sha
〈George Rickey _ Two Lines Oblique-Albany Mall〉 - Sculptures In Public Places (1983), Chuokoron-sha
〈George Segal _ The Restaurant〉 - Sculptures In Public Places (1983), Chuokoron-sha
〈Joachim Bandau _ Erlanger Maschienfiguren〉 - 최병상 (1990), 환경조각, 美術公論社

〈그 밖의 환경조각 환경 이해하기 / 채색〉

〈Isamu Noguchi _ Red Cube〉 - Sculptures In Public Places (1983), Chuokoron-sha
〈Lodd Hamrol _ Up Town Rocker〉 - Sculptures In Public Places (1983), Chuokoron-sha
〈Herbert Bayer _ Double Ascension〉 - Sculptures In Public Places (1983), Chuokoron-sha
〈Mathias Goeritz _ The Square of the Five Towers〉 - Sculptures In Public Places (1983), Chuokoron-sha
〈Tony Smith _ She Who Must Be Obeyed〉 - Sculptures In Public Places (1983), Chuokoron-sha
〈Max Bill _ Familie von funf halben Kugeln〉 - Sculptures In Public Places (1983), Chuokoron-sha
〈Jean Dubuffet _ Group of Trees〉 - Sculptures In Public Places (1983), Chuokoron-sha
〈Pablo Picasso _ Untitled〉 - Sculptures In Public Places (1983), Chuokoron-sha
〈James Rosati - Untitled〉 - 최병상 (1990), 환경조각, 美術公論社
〈Louise Nevelson _ Shadows and Flage〉 - Sculptures In Public Places (1983), Chuokoron-sha
〈Klaus Schultze _ Fontaine Pataugeoire〉 - Sculptures In Public Places (1983), Chuokoron-sha
〈Constantin Brancusi _ The Table of Silence〉 - Sculptures In Public Places (1983), Chuokoron-sha
〈Andre Ramseyer _ Constellation〉 - Sculptures In Public Places (1983), Chuokoron-sha
〈Andy Goldsworthy _ Sweet chestnut〉 - Andy Goldsworthy (1987), A Collaboration with Natuure, ABRAMS
〈Eduardo Chillida _ Wind Combs〉 - Sculptures In Public Places (1983), Chuokoron-sha
〈Group Q _ Andromeda〉 - Sculptures In Public Places (1983), Chuokoron-sha
〈Francois Stahly _ Labyrinth〉 - Sculptures In Public Places (1983), Chuokoron-sha
〈Andy Goldsworthy _ Japanese Maple〉 - Andy Goldsworthy (1987), A Collaboration with Natuure, ABRAMS
〈Alexander Liberman〉 - Shoichiro Higuchi (1990), Public Art, 誠文堂新光社